机器人设计

主 编 秦 正 刘 健 张小兵
副主编 姜 英 邱亚峰 赵露颖

北京理工大学出版社
BEIJING INSTITUTE OF TECHNOLOGY PRESS

内 容 简 介

本书介绍了机器人的发展及其分类,并结合具体实例讲解了机器人的组成和设计方法,提供了详细的操作步骤引导读者动手实践,每章配有课后习题和延伸阅读部分以使读者加深对本书内容的理解。

本书基于工程训练的项目式教学需求,可以为高等院校理工科学生了解机器人,锻炼动手实践能力,灵活运用专业知识提供帮助,也可为相关从业人员提供参考。

版权专有　侵权必究

图书在版编目(CIP)数据

机器人设计 / 秦正,刘健,张小兵主编. --北京:
北京理工大学出版社,2025.1.
ISBN 978-7-5763-4895-8

Ⅰ. TP242

中国国家版本馆 CIP 数据核字第 20252AS268 号

责任编辑:陆世立　　**文案编辑:**李　硕
责任校对:刘亚男　　**责任印制:**李志强

出版发行 /	北京理工大学出版社有限责任公司
社　　址 /	北京市丰台区四合庄路 6 号
邮　　编 /	100070
电　　话 /	(010)68914026(教材售后服务热线)
	(010)63726648(课件资源服务热线)
网　　址 /	http://www.bitpress.com.cn
版 印 次 /	2025 年 1 月第 1 版第 1 次印刷
印　　刷 /	涿州市京南印刷厂
开　　本 /	787 mm×1092 mm　1/16
印　　张 /	7.75
字　　数 /	178 千字
定　　价 /	52.00 元

图书出现印装质量问题,请拨打售后服务热线,负责调换

前 言

信息时代的到来为工业生产和人们的日常生活带来了变革性的影响，科学技术发展越来越快，工业生产规模不断增大，产品迭代速度越来越迅速，人们的生活越来越智能便捷。各行各业交叉融合的同时，我们的社会需要更多创新型和复合型的人才，因而人才培养也被赋予了更高的要求。现代的工程师不仅要具有扎实的理论基础、实践能力，还要具有融会贯通、创新创造的能力。工程训练作为一门传统的实践课程，不仅要让学生学习和掌握传统的技能实践，还应结合当代社会的发展和需求，引导学生了解、接触最新的技术，使得学生在积累工程知识、提升动手能力的同时能够建立大局意识，从而获得综合素质的提高，成为新时代的优秀人才。

机器人作为现代工业技术的集大成者，是一门涉及机械、自动化控制、计算机、通信、材料的多学科综合技术。机器人的出现极大地方便了人们的生产和生活，使得我们可以解放双手，成为自动化生产和生活的组织者与领导者。如今，机器人已逐渐成为我们的工业生产、日常生活中不可或缺的角色。本书通过理论讲解和实例，介绍了机器人相关的基础知识以及机器人设计操作实践项目。第1章主要对机器人的概念、发展历史及分类进行了简要的介绍。第2章介绍了机器人的组成和一般设计方法，以及本课程实践所用机器人开发平台及各器件。第3章介绍了本课程实践中所用到的软件开发平台。第4章列选了一些基础的机器人设计项目实验。第5章选取了一些综合性的机器人设计项目。本书基于工程训练的项目式教学需求，可以为高等院校理工科学生了解机器人，锻炼动手实践能力，灵活运用专业知识提供帮助。

本书的主体内容由秦正(第1、2、3章)、刘健(第4章)和张小兵(第5章)编写，延伸阅读与图片内容由赵露颖编辑，课后习题及内容的校对和排版由姜英负责，全书经由邱亚峰审阅定稿。感谢北京启创远景科技有限公司提供的宝贵资料，感谢研究生李兴杰和马北斗同学帮忙整理资料。

限于编著者水平，书中疏漏之处在所难免，恳请广大读者批评指正。

编著者

目 录

第1章 绪论 …………………………………………………………………………………… (1)
  1.1 机器人的概念 ……………………………………………………………………… (1)
  1.2 机器人的发展 ……………………………………………………………………… (2)
    1.2.1 古代机器人 ………………………………………………………………… (2)
    1.2.2 现代机器人 ………………………………………………………………… (2)
  1.3 机器人的分类 ……………………………………………………………………… (4)
    1.3.1 工业机器人 ………………………………………………………………… (4)
    1.3.2 服务机器人 ………………………………………………………………… (4)
    1.3.3 特种机器人 ………………………………………………………………… (5)
  课后习题 …………………………………………………………………………………… (6)
  延伸阅读 …………………………………………………………………………………… (8)

第2章 机器人设计基础 ……………………………………………………………………… (9)
  2.1 机器人的组成及总体设计方法 …………………………………………………… (9)
  2.2 IEDU 多功能机器人套装 ………………………………………………………… (10)
  2.3 功能器件列表及详细介绍 ………………………………………………………… (13)
  课后习题 …………………………………………………………………………………… (23)
  延伸阅读 …………………………………………………………………………………… (25)

第3章 机器人开发平台 ……………………………………………………………………… (26)
  3.1 集成开发环境(MDK5)介绍 ……………………………………………………… (26)
  3.2 集成开发环境(MDK5)安装 ……………………………………………………… (27)
  3.3 新建 HAL 库工程模板 …………………………………………………………… (28)
  3.4 应用程序的下载与调试 …………………………………………………………… (37)
  课后习题 …………………………………………………………………………………… (40)
  延伸阅读 …………………………………………………………………………………… (41)

第4章 基础性实验 …………………………………………………………………………… (42)
  实验一 按键输入控制实验 ………………………………………………………… (42)
  实验二 PWM 输出实验 …………………………………………………………… (46)
  实验三 SPI 通信实验 ……………………………………………………………… (51)

实验四　内部温度传感器实验 ………………………………………………（55）
　　实验五　电动机驱动实验 …………………………………………………（63）
　　实验六　编码器实验 ………………………………………………………（66）
　　实验七　RGB 灯控实验 ……………………………………………………（71）
　　实验八　数码管实验 ………………………………………………………（75）
　　课后习题 ……………………………………………………………………（79）
　　延伸阅读 ……………………………………………………………………（81）
第 5 章　综合性实验 ………………………………………………………………（83）
　　实验一　四轮移动平台控制实验 …………………………………………（83）
　　实验二　机械臂设计控制实验 ……………………………………………（93）
　　实验三　塔吊实验 …………………………………………………………（102）
　　课后习题 ……………………………………………………………………（112）
　　延伸阅读 ……………………………………………………………………（113）
参考文献 ……………………………………………………………………………（115）

第1章 绪 论

1.1 机器人的概念

Robot 一词源于捷克语 robota，本意为强迫劳动、奴隶。1920年，捷克作家卡雷尔·卡佩克(Karel Capek)在其发表的科幻剧本《罗萨姆的万能机器人》中，将"robota"写成了"robot"，用来指代这种没有知觉和感情，默默为人类工作的人造"奴隶"，这被认为是机器人一词的起源。此后，有关机器人的文学和影视作品层出不穷，如著名的系列电影《星球大战》中的 C-3PO 和 R2-D2，电影《机器人总动员》，阿西莫夫的机器人系列小说等，它们体现了人们对机器人的想象并成为很多人对机器人这一概念的初始认知。

文学作品中对机器人的描述往往也能成为现实机器人生产研究的参考，如科幻作家阿西莫夫曾在其1950年出版的《我，机器人》中提出的机器人三定律被广为流传，并被视为机器人开发的准则。

第一定律：机器人不得伤害人类个体，或者目睹人类个体将遭受危险而袖手旁观。

第二定律：机器人必须服从人给予它的命令，当该命令与第一定律冲突时例外。

第三定律：机器人在不违反第一、第二定律的情况下要尽可能保护自己的生存。

尽管机器人问世几十年来已经广泛地应用于我们日常的生产和生活中，但迄今为止仍没有一个放之四海而皆准的精确定义。我们从文学影视作品中看到的机器人往往具有与人类相似的外形并从事替代人类的工作，但其实现实的机器人的定义更加宽泛，功能也非常丰富多样。

1967年，日本首届机器人学术会议上提出了两个有代表性的机器人定义。一是"机器人是一种具有移动性、个体性、智能性、通用性、半机械半人性、自动性、奴隶性等7个特征的柔性机器"。提出者之一的森政弘又进一步提出了用自动性、智能性、个体性、半机械半人性、作业性、通用性、信息性、柔性、有限性、移动性等10个特性来描述机器人的形象。

二是由加藤一郎提出的具有以下三个特征的机器，强调了机器人应该仿人的含义：

(1) 具有脑、手、脚等三要素的个体；

(2) 具有非接触传感器和接触传感器；

(3) 具有平衡觉和固有觉的传感器。

1987年，国际标准化组织提出了工业机器人的定义：工业机器人是一种具有自动控制的操作和移动功能，能完成各种作业的可编程操作机。

我国科学家对于机器人的定义：机器人是一种自动化的机器，所不同的是这种机器具备一些与人或生物相似的智能能力，如感知能力、规划能力、动作能力和协同能力，是一种具有高度灵活性的自动化机器。

机器人学是一门涵盖机械、自动化控制、计算机、通信、材料等多个学科和领域的综合性学科，在工业、医学、农业、服务业、建筑业、军事等领域中都有广泛的用途。随着信息时代的到来，机器人技术的发展也走上了快车道，机器人所包含的内容越来越丰富，其定义也在不断地发展和完善。

1.2 机器人的发展

1.2.1 古代机器人

古人曾幻想一种与人类相似的能独立运行的工具，一种能够自主完成特定操作和任务的机器。为此，从古至今的许多能工巧匠们开始了自己的探索。

《墨子》记载了我国春秋时期的工匠鲁班曾制作过一个木鸟："公输子削竹木以为鹊，成而飞之，三日不下。"东汉时期的科学家张衡发明了指南车和记里鼓车，据《古今注》记载："记里车，车为二层，皆有木人，行一里下层击鼓，行十里上层击镯。"三国时期的诸葛亮制造了可以自动行走运送军粮的木牛流马。达·芬奇手稿中设计了一个以齿轮作为驱动装置的人形机器人，可以挥舞胳膊，可以站立也可以坐下，也可以转动头部，开合下颌，后被一群意大利工程师制作出来，称为"机器武士"。17世纪，日本的工匠利用钟表技术制作了自动机器玩偶。18世纪，瑞士的钟表匠杰克·道罗斯和他的儿子利·路易·道罗斯利用齿轮和发条原理制作了可以自动演奏、自动写字的玩偶。1893年加拿大人摩尔设计制造了靠蒸汽驱动双腿沿着圆周走动的"蒸汽人"。

1.2.2 现代机器人

1954年，美国人德沃尔最早提出了工业机器人的概念，并申请了专利，该专利提出了借助伺服技术控制机器人的关节，利用人手对机器人进行动作示教，从而使机器人实现动作的记录和再现的技术，即所谓示教再现机器人。

1958年，美国的Unimation公司推出了由计算机控制的五轴液压驱动机器人"Unimate"，美国机械与铸造公司推出了可以回转、伸缩、垂直升降的液压驱动机器人"Versatran"，被认为是世界上最早的工业机器人。

1961年，美国通用汽车公司和Chrysler公司最先购买了第一批商业化生产的机器人系统并将其用于汽车生产。

"二战"后的日本经济飞速发展但是面临着劳动力短缺的困境，因此自1967年由川崎重工从美国Unimation公司引进机器人及机器人技术后，机器人开始广泛应用于汽车、电子行业并得到蓬勃发展。

1965年，麻省理工学院的Robots演示了第一个具有视觉传感器、能识别与定位简单积木的机器人系统。

1967年，日本成立了人工手研究会（现已更名为仿生机构研究会），同年召开了日本首届机器人学术会议。

1970 年,在美国召开了第一届国际工业机器人学术会议,此后,机器人的研究和发展得到迅速广泛的普及。

1973 年,辛辛那提·米拉克龙公司的理查德·豪恩制造了第一台由液压驱动、小型计算机控制的工业机器人,其能提升的有效负载可达 45 kg。

1973 年,库卡机器人公司研制了第一台电动机驱动的六轴机器人"FAMULUS"。

1975 年,IBM 公司的威尔和格罗斯曼研制了一个带有触觉和力觉传感器的计算机控制的机械手,可以装配具有 20 多个零件的打字机。

1979 年,Unimation 公司推出了由全电驱动的可配置视觉、触觉和力觉传感器的 PUMA 系列工业机器人。

据国外统计,1980 年全世界已有约 2 万台工业机器人工作在各个行业。同年,我国也开始引入机器人技术。1986 年成立的"863 计划"也将机器人技术作为一项攻关技术。1985 年,上海交通大学机器人研究所完成了"上海一号"弧焊机器人的研究,这是中国自主研制的第一台 6 自由度关节机器人。1988 年,上海交通大学机器人研究所完成了"上海三号"机器人的研制。1993 年,中科院北京自动化所研制了喷涂机器人,两年后又推出了高压水切割机器人。

现代机器人的发展大致可以分为三个阶段。

第一代为示教再现型机器人,这种机器人通过计算机来控制一个多自由度的机械,通过示教存储程序和信息,工作时把信息读取出来,然后发出指令,这样机器人可以重复地根据人当时示教的结果,再现这种动作。

第二代为感觉型机器人,不同于早期的示教再现型机器人,感觉型机器人通过装配传感器以获得类似人的某些感知功能,如力觉、触觉、视觉、听觉等,从而能够对所应对的工件有所感知,进行更复杂的工作。

第三代为智能型机器人,这种机器人带有多种传感器,可以进行复杂的逻辑推理、判断及决策,在变化的内部状态与外部环境中,自主决定自身的行为。智能机器人技术的出现使得机器人从工厂走向了商用、家庭、医疗、特种工作环境等更广阔的应用领域。

2015 年,ABB 公司推出了 Yumi 双臂协作机器人,可以实现基于视觉的引导式装配和力控式装配。

2017 年,波士顿动力公司推出了可以后空翻的人形机器人"Atlas"。

2019 年,上海非夕机器人科技有限公司研发了基于人工智能技术的全球首台自适应机器人,像人手一样拥有底层"元"能力,柔性程度甚至超越人手,拓展了机器人能力边界。

2020 年,麻省理工学院研制了医疗手术机器人"达芬奇",采用 4 臂床旁机械臂系统,装配三维成像系统,拥有超越人手的 7 个操作维度和 20 倍放大的视野。

2022 年 9 月,美国康奈尔大学的研究人员在 $100 \sim 250 \ \mu m$ 大小的太阳能机器人上安装了比蚂蚁头还小的电子"大脑",这样它们就可以在不受外部控制的情况下自主行走。

2023 年,美国亚利桑那州立大学研制出了世界上第一个能像人类一样出汗、颤抖和呼吸的户外行走机器人模型"ANDI"。

随着人工智能时代的到来,未来的机器人也将因为计算机视觉、自然语言处理、深度学习等人工智能技术的发展和应用,走向更加智能化、更加普及化的道路。

1.3 机器人的分类

随着人们对于机器人认识的逐渐深入和机器人的不断发展，机器人的种类越来越多，对于机器人的分类也多种多样。根据应用领域的不同，机器人可以分为工业机器人、服务机器人、特种机器人等。根据运动方式的不同，机器人可以分为轮式机器人、足腿式机器人、履带式机器人、蠕动式机器人、浮游式机器人、潜游式机器人、飞行式机器人等。根据使用空间的不同，机器人又可以分为地面/地下机器人、水面/水下机器人、空中机器人、空间机器人等。根据编程和控制方式的不同，机器人又可以分为编程机器人、主从机器人、协作机器人等。

下面以最常见的应用领域划分分别介绍典型的机器人。

1.3.1 工业机器人

工业机器人是指面向工业领域的机器人，一般为多关节机械手或多自由度的机械装置，具有一定的自动性，依靠自身动力能源的控制能力实现特定的加工和制造功能，如图 1-1 所示。工业机器人广泛应用于电子、物流、化工、汽车制造、食品加工等各个工业领域。例如，1959 年第一台现代意义上的机器人就是用于汽车加工的焊接机器人。除了焊接机器人，工业机器人按照不同的用途还有装配机器人、搬运机器人、喷涂机器人、切割机器人、码垛机器人、包装机器人和手术机器人等。

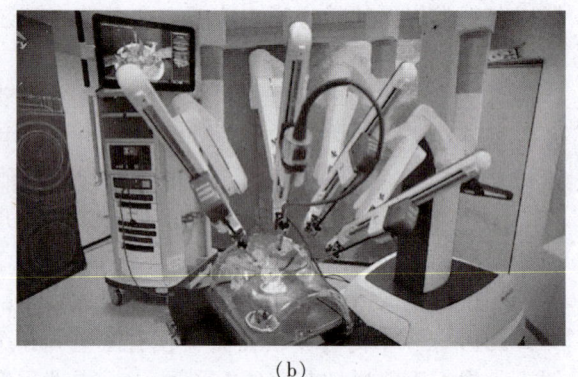

(a)
(b)

图 1-1 工业机器人
(a) 比亚迪汽车工厂的焊接机器人；(b) 手术机器人

1.3.2 服务机器人

服务机器人是指应用在日常生活领域，为了提高人们的生活水平，服务于人类的机器人，根据其使用环境的不同又可以分为个人/家用机器人和公共服务机器人，能够进行维修保养、修理、运输、清洗、安保、救援、监护等服务性工作，如图 1-2 所示。例如，目前市面上非常常见的扫地机器人，能够自主规划路线、定时清扫、自动充电等。家用机器人还有各种家务机器人、能够进行智能教学的教务机器人、能够供人娱乐的娱乐机器人和宠物机器人、为老弱病残人士提供帮助的养老助残机器人等。公共服务机器人则有讲解导引机器人、送餐机器人、多媒体互动机器人、公共游乐机器人等。服务机器人具有广阔的市场需求，随着人工智能、物联网技术的发展和应用，服务机器人也会不断地推陈出新，实现更多的功能，更加智能化，为人们的生活提供更多便利。

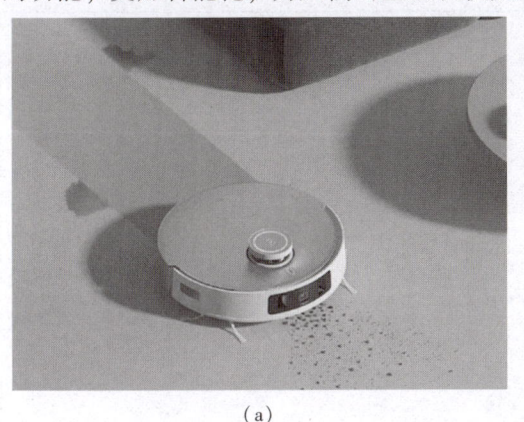

(a)

(b)

图 1-2　服务机器人

(a)扫地机器人；(b)讲解导引机器人

1.3.3　特种机器人

特种机器人是指应用在特殊领域的机器人，一般是由经过专门培训的人员操作或使用的，辅助或替代人执行任务的机器人，如图 1-3 所示。例如，用于抢险、救灾等危险领域的搜救机器人；代替人类在有毒有害及危险环境下进行采掘工作的采矿机器人；能够进行自主巡逻，实时传输危险信息，高精度定位报告火情的巡检机器人；用于航空航天，代替人类在外太空进行探索和科考的机器人，如我国研制的"祝融号"火星探测车、"玉兔号"月球车及用于空间站的各种机械臂等。还有一些用于军事领域的特种机器人，如可以替代排爆人员对爆炸装置或武器实施侦察、转移、拆解、销毁或处置其他危险物品的排爆机器人；具有自主导航、实时侦察、远程打击功能的无人机等。

(a)

(b)

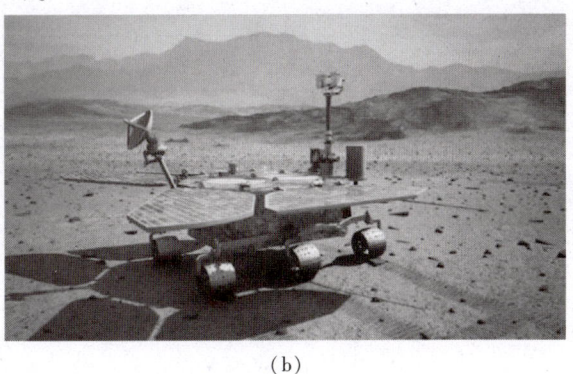

图 1-3　特种机器人

(a)搜救机器人；(b)"祝融号"火星探测车

机器人设计

课后习题

1. 用自己的话描述一下什么是机器人。

2. 机器人三定律是什么？

3. 简述现代机器人的发展阶段。

4. 简述机器人如何分类。

5. 举例说明你知道的一种机器人及其功能。

延伸阅读

我国空间站上的机械臂——"太空巧手"

机械臂是国际空间站的主要组成部分，其在空间科学探索中起着至关重要的作用，如舱段辅助转位，载重与搬运，航天员舱外活动支持(图1-4)、设备转移、安装、更换，舱外维修，捕获悬停航天器和舱外状态监视等。尤其是在夜间极端环境下，大多数舱外活动必须借助于机械臂，机械臂可以减少航天员在舱外的工作时间和频率，更大限度地保障宇航员的生命安全。

图1-4 机械臂辅助航天员出舱活动

20世纪70年代，美国率先提出了在宇宙空间利用机器人系统的概念，旨在通过机器人的应用进行设备的组装、回收、维修，以及在极其恶劣的空间环境下完成一些人类难以完成的舱外活动。目前，空间机器人研究主要集中在卫星、航天飞机及国际空间站上使用的空间机械臂。加拿大和美国一直在该研究领域处于世界领先水平。

2022年1月6日，中国空间站机械臂转位货运飞船试验取得圆满成功，这是我国首次利用空间站机械臂操作大型在轨飞行器进行转位试验，验证了空间站舱段转位技术和机械臂大负载操控技术，为空间站在轨组装建造积累了经验。空间站机械臂是我国首个可长期在太空轨道运行的机械臂，具有3肩1肘3腕，共7个自由度，可抓25 t重物。它能真实模拟人手臂的灵活转动，通过旋转结构，能在前后左右的任何角度和部位抓取物体。

2023年12月21日，"神舟十七号"航天员首次出舱，汤洪波登上机械臂，转移至核心舱太阳翼的相关作业点位，进行巡检和修复作业。在空间站机械臂和地面科研人员的配合下，"神舟十七号"乘组对"天和"核心舱太阳翼的正面和外侧面进行观察、拍照记录和试验性修复等工作。机械臂也可以为空间科学实验提供支持，减少航天员出舱次数和工作量。2023年6月9—10日，空间站"梦天"实验舱空间辐射生物学暴露实验装置经由机械臂抓取从货物气闸舱出舱，经过中转位，顺利安装至既定的舱外暴露平台，装置开机工作正常。这是我国首次开展舱外辐射生物学暴露实验，对辐射生物学和空间科学研究具有里程碑式意义。

第 2 章 机器人设计基础

2.1 机器人的组成及总体设计方法

机器人的构造可以分为主控制器、主体结构、传感器、驱动装置、传动系统、执行系统等。

(1) 主控制器可类比于人类的大脑，是信息接收、处理与决策中心，要保证这些工作成功进行，一般主控制器还内置了程序存储器和数据存储器。目前常用的主控制器是各种基于单片机的开发系统，如 8051 系列、STM32 等基于 ARM 的系列、AVR 系列、树莓派、DSP（数字信号处理器）等。

(2) 主体结构可类比于人类的骨架系统，用以支撑和安置其他功能装置，确保机器人可以有效地执行各种任务。

(3) 传感器类比于人的各种感觉器官，用来感测周围环境的状况，如温度传感器是将传感器所在环境的温度变化转换为计算机可以识别和处理的信号。

(4) 驱动装置是给机器人执行系统提供动力的机构，常见的机器人驱动机构分为电动机驱动装置、液压驱动装置、气动驱动装置等，此外还有磁致伸缩驱动装置、形状记忆合金驱动装置、静电驱动装置、压电驱动装置等新型驱动装置。

电动机驱动装置是目前使用最多的一种驱动装置，其特点是：运动精度高，电源取用方便，速度变化范围大，效率高，响应速度快，驱动力大，信号检测、传递、处理方便，可以采用多种灵活的控制方式，没有环境污染，但大多需要与减速装置相连，直接驱动比较困难。液压驱动装置具有输出功率较高、带宽高、响应快等优点，在某些应用场合仍然有较大的发展空间。气动驱动装置动作灵活，工作安全可靠，操作简单，但难以实现伺服控制，一般用于冲压加工、压铸等方面。

电动机驱动装置可分为直流电动机、直流无刷电动机、步进电动机、伺服电动机、舵机等。直流电动机制造简单、成本低，并且具有启动快、制动及时、调速范围大、控制相对简单等优点，所以它适用于定位精度要求不高、有比较大的调速要求的经济型机器人执行机构的动力装置，也广泛应用于家用电器和玩具。由于电动机转动时电刷与换相器发生摩擦产生阻力和热量，直流有刷电动机有效率相对低下、噪声大、寿命短等缺点。直流无刷电动机相比于普通直流有刷电动机，整体上提高了性能，克服了有刷电动机的缺点，但因为需要电调，所以成本比较高，目前在无人机和自动导引车上应用较多。步进电动机驱动多为开环控制，控制简单但功率不大，多用于低精度小功率机器人系统。伺服电动机又称执行电动机，主要由电动机本体和编码器组成，伺服电动机与驱动器组成闭环伺服系统，常用于需要高精度定位的控制。舵机是简化版的伺服系统，可应用于精度要求不高的角度定位控制。

一般情况下，我们根据机器人各个机械运动和动力参数，以及对传动精度的要求来选择合适的驱动装置。

(5) 传动系统的主要作用是将驱动装置提供的运动和动力按执行系统的需要进行转换，改变输入和输出的速度和扭矩，并传递给执行系统。

传动系统有机械传动、流体(液体、气体)传动、电气传动三类，其中机械传动在机器人中应用最为广泛。

常用的机械传动有带传动、链传动、齿轮传动、蜗杆传动等。带传动是通过带与带轮间的摩擦力，把主动轴的运动和动力传给从动轴的一种机械传动形式，适用于对传动比要求不高、两轴相距较远的场合。链传动通过链轮轮齿与链节的啮合来传递运动和动力。齿轮传动通过成对的轮齿依次啮合传递两轴之间的运动和动力，可以用来传递空间任意两轴间的运动和动力。齿轮传动准确、平稳，机械效率高，使用寿命长，工作安全、可靠，适用速度范围大，一般一对齿轮传动比不应大于7，如果需要大传动比时，可以用齿轮轮系的多级传动来完成。蜗杆传动是在空间交错的两轴间传递运动和动力的传动，具有传动比大、传动平稳和能够自锁等特点。一般情况下，我们根据机器人各个机械运动和动力参数，以及对传动精度的要求来选择合适的传动系统。

(6) 执行系统接收主控制器的指令，并实现各种动作行为。

机器人执行系统设计过程是每个动作功能原理实现的具体形式，执行系统由一个或若干个执行机构组成。机器人常用的执行机构有平面连杆机构、凸轮机构、齿轮机构、螺旋机构等，这些基本机构具有进行运动变换和传递动力的基本功能(运动缩小、放大，轴线变向，轴向平移，运动分解，运动合成，运动换向，多种运动形式变换等)。在执行机构中执行终端运动的构件称为执行构件，机器人通过执行机构把驱动装置和传动系统传递的动力变换成执行构件上的运动，使其完成每一个具体任务。机器人执行构件常用的运动形式有直线运动、连续回转运动、摆动等。

对于不同用途和不同性能要求的机器人，在设计的时候往往具有不同的结构，其技术参数也有所不同。机器人的技术参数包括自由度、工作范围、工作速度、承载能力、精度、驱动方式、控制方式等。设计一个具体的机器人时，首先是分析任务要求，确定机器人所要完成的功能；然后根据功能要求，规划合理的功能实现方法，按照性能指标和预算确定一个最优设计方案；最后根据设定的方案进行结构化设计，选择合理的驱动装置、传动系统和传感器、主控制器，写入程序进行调试。

2.2 IEDU 多功能机器人套装

IEDU 多功能机器人套装是为机器人相关专业设计的学习和竞赛套件，套件内包含金属零件、碳纤维板、电子模块、动力套装、常用工具等；采用模块化机器人开发理念将机器人智能技术转化为机器人智能技术教学平台，如机械、电子相关专业开展机电产品设计实训，机器人专业进行机器人智能技术项目开发、嵌入式项目开发等；能够搭建出拓展丰富的机器人平台，同时又满足学生反复拆装及二次拓展。

开发套件箱包含控制系统、能源系统、遥控部分、传感器与外设、驱动器件、运动部件、配件、工具、结构部分和其他配件等，如表2-1所示。

表2-1 IEDU多功能机器人套装

序号	类别	详情
1	控制系统	核心开发板、扩展板
2	能源系统	电池（2 000 m·Ah，1 mA·h=3.6 C）、电池充电器
3	遥控部分	PS2手柄、PS2接收器
4	传感器与外设	红外避障传感器、灰度传感器、超声波测距传感器、颜色传感器、按键模块、RGB灯模块、四位数码管模块、流水灯板模块、热释电人体红外感应模块
5	驱动器件	编码器电动机、PWM电动机驱动模块、直流无刷减速电动机、M2006、电动机调速器C610、180°小舵机、360°小舵机、180°大舵机、360°大舵机
6	运动部件	胶轮、麦克纳姆轮、牛眼轮、履带轮
7	配件	CH340串口工具、ST-LINK下载器、各种类型杜邦线及其他线材
8	工具	M3套筒、M2L扳手、M2.5L扳手、M3L扳手、M3开口扳手、M4L扳手、一字槽螺钉旋具、十字槽螺钉旋具、M3带柄扳手、尖嘴钳
9	结构部分	支撑板、铝方管、3D打印件、各种尺寸杯头螺钉、各种尺寸螺母和防松螺母、各种尺寸铜柱
10	其他配件	标签纸、自封袋、润滑脂、随箱U盘、线、配套电池

开发套件的核心开发板是一款面向机器人DIY的开源开发板，主控芯片为STM32F429ZGT6，拥有丰富的扩展接口和通信接口，板载IMU传感器，并具有防反接和缓启动等多重保护。核心开发板实物图如图2-1所示，其具有26个接口，接口示意图如图2-2所示，接口说明如表2-2所示。核心开发板参数如表2-3所示。

图2-1 核心开发板实物图

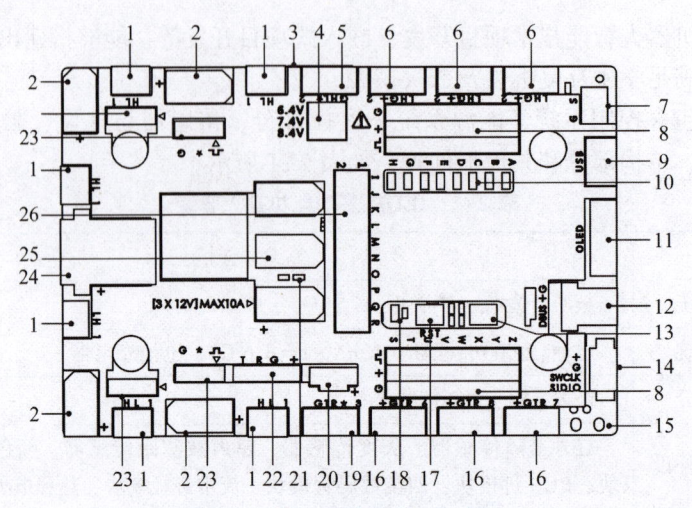

图 2-2 核心开发板接口示意图

表 2-2 核心开发板接口说明

序号	接口说明	序号	接口说明
1	CAN1	14	SWD
2	可控电源输出接口	15	3.3 V 电源输出接口
3	TF 卡槽	16	UART
4	电压调节拨码	17	复位按键
5	SDK CAN2	18	用户自定义 LED×2
6	CAN2	19	SDK UART
7	同步信号	20	5 V 电源输出接口
8	PWM×8	21	12 V 电源指示灯
9	USB	22	蓝牙串口
10	用户自定义 LED×8	23	PWM
11	OLED 接口	24	电源输入接口
12	DBUS	25	12 V 电源输出接口×3
13	用户自定义按键	26	GPIO×18&5 V 电源

表 2-3 核心开发板参数

参数	说明	参数	说明
芯片型号	STM32F429ZGT6	无电源 PWM	4 个
支持电压	DC 11~26 V	GPIO	18 个
最大持续电流	20 A	用户自定义 LED	10 个
质量	48 g	用户自定义按键	1 个
尺寸(长×宽)	85 mm×58 mm	IMU+E-compass	1 个

续表

参数	说明	参数	说明
CAN 接口	10 个	可控电源接口	4 个
UART	4 个	12 V 电源接口	3 个
蓝牙串口	1 个	5 V 电源接口	2 个
DBUS	1 个	3.3 V 电源焊盘	1 个
可调电压 PWM	16 个		

2.3 功能器件列表及详细介绍

1. 蜂鸣器

蜂鸣器包括无源电磁式蜂鸣器和有源蜂鸣器。核心开发板上使用的是无源电磁式蜂鸣器，如图 2-3 所示，其内部不带震荡源，需使用 2~5 kHz 的方波驱动。而有源蜂鸣器则因为其内部自带震荡器，直接通电即可发声。蜂鸣器已预先集成在核心开发板上，只需在使用时配置 PB5 引脚复用为定时器 3 的通道 2，使其输出 PWM 信号就能使蜂鸣器工作。

图 2-3 无源电磁式蜂鸣器

2. MPU-6500

MPU-6500 是一种 6 轴运动跟踪装置，内含 3 轴陀螺仪、3 轴加速度计，以及一个数字运动处理器(Digital Motion Processor，DMP)，如图 2-4 所示。陀螺仪量程可编程为±250 rad/s、±500 rad/s、±1 000 rad/s 或±2 000 rad/s，加速度计量程可编程为±2g、±4g、±8g 或±16g(g 为重力加速度)。MPU-6500 直接集成在核心开发板上，不需要外部接线，具体的应用请参照例程。

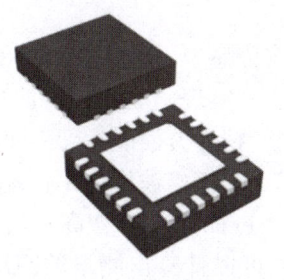

图 2-4 MPU-6500

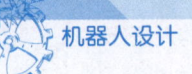

3. 微动开关

微动开关是可通过微小机械力传动元件作用于动作簧片上，使其末端的定触点与动触点快速接通或断开的开关，如图 2-5 所示。微动开关的 C 端口为公共端，另外两个端口选择其中一个使用，如果选择 NO 端口（常开端），则在没有按下动作簧片时，C 端和 NO 端断开，按下动作簧片后即连通。C 端和 NC 端配合使用的通断逻辑则与 C 端和 NO 端配合使用的通断逻辑相反。

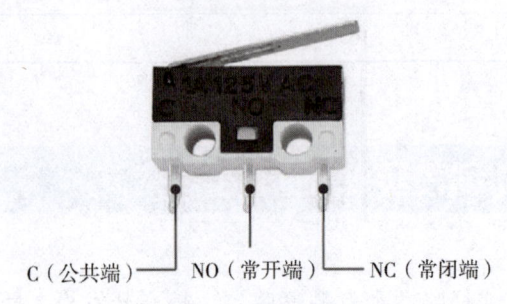

图 2-5 微动开关

4. 灰度传感器

灰度传感器是模拟传感器，如图 2-6 所示。灰度传感器利用不同颜色的检测面对光的反射程度不同，从而光敏电阻阻值也随之不同的原理进行颜色深浅检测。在环境光干扰不是很严重的情况下，灰度传感器可用于区别黑色与其他颜色。它的工作电压范围比较宽，在电源电压波动较大的情况下仍能正常工作。其输出为数字量，低电平有效，感应为白色时输出低电平，黑色则输出高电平。灰度传感器可实现对物体反射率的判断，是一种实用的机器人巡线传感器。灰度传感器的引脚和扩展板上灰度传感器模块的引脚相连。

图 2-6 灰度传感器

5. 超声波传感器

由于超声波指向性强，超声波传感器（图 2-7）常用于距离的测量，如测距仪和物位测量仪等都可以通过超声波传感器来实现。利用超声波检测往往比较迅速、方便、计算简单、易于做到实时控制，并且在测量精度方面能达到工业实用的要求，因此超声波传感器在移动机器人中也得到了广泛的应用。给超声波模块 Trig 端一个大于 10 μs 的高电平，模块会自动发射 8 个 40 kHz 的声波，同时 Echo 端电平变高，当被物体反射回来的声波由模块接收时，Echo 端电平变低，通过时间差可以计算出测量的距离。超声波传感器的引脚接扩展板的超声波传感器模块。

图 2-7　超声波传感器

6. 红外传感器

红外传感器是一种集发射与接收于一体的传感器，检测距离可以根据要求进行调节，如图 2-8 所示。当红外传感器前方没有障碍物，或障碍物在其检测距离外时，红外传感器后方指示灯不亮且输出高电平，当红外传感器前方有物体在其检测距离内时，红外传感器后方指示灯亮且输出低电平。红外传感器的引脚和扩展板的红外传感器模块相连。

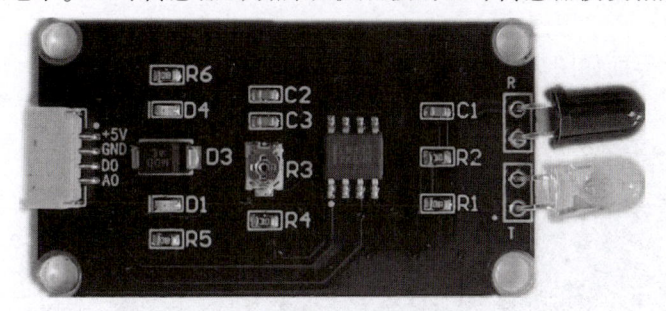

图 2-8　红外传感器

7. 颜色传感器

颜色传感器提供红（R）、绿（G）、蓝（B）及明光感应的数字返回值，支持串口通信，具有通信简单、白平衡过程简便的特点，如图 2-9 所示。

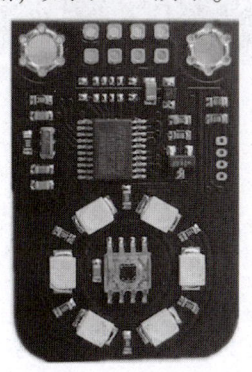

图 2-9　颜色传感器

1）颜色传感器快速入门

可通过 USB 转串口 CH340 芯片将颜色传感器数字输出连接至 PC 端串口，利用 PC 端的串口调试助手发送相关指令，再读出传感器返回的数据即可。相关指令如下（串口波特率默认为 9 600)。

0xC1：设置发光管亮度。例如，设置亮度为 80%，发 C1 50 两个字节就可以，返回 C1，表示成功(80 的十六进制为 0x50)。

0xC2：设置白平衡。发送一个字节 C2，传感器自动设置白平衡，红灯闪烁 2 下，表示成功，返回 C2。

0xC8：设置波特率。例如，设置为 1 152，发送数据为 C8 04 80，三个字节，取 1 152 的十六进制为 0x0480。

2) 读取数据

数据格式：指令+数据长度+数据。相关指令如下。

0xD1：读取灯亮度，如返回 D1 01 50。

0xD5：单独读取红色值。

0xD6：单独读取绿色值。

0xD7：单独读取蓝色值。

0xD8：读取 RGB 值。

0xD9：读取白平衡设置值。

串口调试助手界面如图 2-10 所示。

图 2-10　串口调试助手界面

8. 数码管模块

数码管模块是一个 12 引脚的带小数点的 4 位共阳数码管显示模块，内带驱动芯片，如图 2-11 所示。单片机通过 IIC 总线向数码管模块传输显示数据，时钟信号线 CLK 和数据输入/输出信号线 DIO 控制 4 位 8 段数码管。其引脚接用户自定义 IO 接口模块。

图 2-11　数码管模块

9. 按键模块

按键模块采用了 6 个 6 mm×6 mm×5 mm 无声轻触开关，占用 3 个 IO 口来实现 6 个按键的识别，如图 2-12 所示。

图 2-12　按键模块

10. RGB 灯模块

RGB 灯模块采用了 6 颗可断点续传的 5050-TX1813AX 灯珠，具有 256 级可调灰度，如图 2-13 所示。TX1813AX 是一个集控制电路与发光电路于一体的智能外控 LED 光源，每个光源即一个像素点，内部包含了智能数字接口数据锁存信号整形放大驱动电路、电源稳压电路、恒流电路、高精度 RC 振荡器，输出驱动采用专利 PWM 技术，有效保证了像素点内光的颜色高一致性。

图 2-13　RGB 灯模块

数据协议采用单极性归零码的通信方式，像素点在上电复位以后，DIN 端接收从控制器传输过来的数据，首先送来的 24 bit 数据被第一个像素点提取后，送到像素点内部的数据锁存器，剩余的数据经过内部整形处理电路整形放大后通过 DO 端口开始转发输出给下一个级联的像素点，每经过一个像素点的传输，信号减少 24 bit。LED 具有驱动电压低、环保节能、亮度高、散射角度大、一致性好、功率超低、寿命超长等优点。将控制电路集成于 LED 上面，电路变得更加简单，体积更小，更容易安装。根据信号线输入的信号，6 颗灯珠可以根据代码进行不同颜色的显示。

11. 流水灯模块

流水灯模块采用了 8 颗 5 mm 红光二极管，串联 470 Ω 的电阻，可作为单片机扩展模块，实现流水灯、跑马灯等实验，如图 2-14 所示。

图 2-14　流水灯模块

12. 热释电人体红外感应模块

热释电人体红外感应模块是基于红外线技术的自动控制产品，灵敏度高、可靠性强、功耗低，具有超低电压工作模式，广泛应用于各类自动感应电气设备，尤其是干电池供电的自动控制产品，如图 2-15 所示。

图 2-15　热释电人体红外感应模块

13. 编码器电动机

编码器电动机即带编码器的电动机，如图 2-16 所示。编码器自带霍尔传感器，电动机旋转一圈则在信号反馈端输出 11 个脉冲信号，根据单位时间内输出的脉冲个数可测得电动机转速。编码器电动机引脚直接和电动机驱动模块相连。

从左到右分别为：
电动机电源M1
编码电源-（正负不可接错）
信号反馈C1（电动机转子转一圈反馈11个信号）
信号反馈C2（电动机转子转一圈反馈11个信号）
编码电源+（正负不可接错）
电动机电源M2

图 2-16　编码器电动机

14. 电动机驱动模块

电动机驱动模块通过输出 PWM 信号进行直流电动机控制，其输入为 11PIN 通道，输出为两个 6PIN 通道，每个 6PIN 通道与一个直流电动机相连，如图 2-17 所示。11PIN 通道与扩展板相连，其通道分布如图 2-17 右侧所示。扩展板上 GND 和 VM 通道为电动机的电源通道，AIN2、AIN1、BIN1、BIN2 分为 A 和 B 两组作为两电动机的方向控制通道，PulA 和 PulB 分别为两电动机的编码器反馈通道，STBY 为电动机驱动模块的使能通道，PWMA 和 PWMB 为 PWM 信号输出通道。6PIN 通道与直流电动机相连，通道分布如图 2-17 左侧所示。AO1、AO2、BO1、BO2 为电源在 PWM 调制后的输出通道，PulA、PulB 为电动机编码器信号反馈通道，把反馈信号通过 11PIN 通道的 PulA 和 PulB 通道反馈回扩展板。电动机驱动模块左侧引脚通过 6PIN 线直接和电动机相连，其右侧引脚通过 11PIN 线直接和扩展板上的电动机模块接口相连。

图 2-17 电动机驱动模块

15. 180°小舵机

180°小舵机(图 2-18)的控制信号为周期是 20 ms 的 PWM 信号，其中脉冲宽度为 0.5~2.5 ms，相对应舵盘的位置为 0°~180°，呈线性变化。180°小舵机引脚接扩展板上的舵机接口。

图 2-18 180°小舵机

16. 360°小舵机

360°小舵机是旋转角度为360°的舵机，如图2-19所示。与一般舵机不同的是，360°小舵机只能控制其旋转速度与方向，而无法控制其到达指定角度。红线是VCC引脚，输入5 V电源。棕线为GND引脚，橙线为PWM控制引脚。通过向其发送周期为20 ms、高电平持续时间为500~2 500 μs的脉冲控制其转动。当高电平时间为1 500 μs时，电动机不动。高电平时间小于1 500 μs时舵机逆时针旋转，大于1 500 μs时舵机顺时针旋转。高电平时间与1 500 μs的差距越大，电动机转速越快。360°小舵机引脚与扩展板的舵机模块相连。

图2-19　360°小舵机

17. MG996R 180°舵机

MG996R 180°舵机(图2-20)转动角度范围为0°~180°，其性能指标如下。

(1)扭矩：9.4 kg/cm(4.8 V)，11 kg/cm(6.0 V)。

(2)速度：0.19 s/60°(4.8 V)，0.13 s/60°(6.0 V)。

(3)转动角度：0°~180°。

(4)工作电压：4.8~6.6 V。

图2-20　MG996R 180°舵机

MG996R 180°舵机的控制信号为周期是20 ms的PWM信号，其中脉冲宽度为0.5~2.5 ms，相对应舵盘的位置为0°~180°，呈线性变化。MG996R 180°舵机引脚与扩展板的舵机模块相连。

18. PS2 遥控器

PS2 遥控器由手柄与接收器两部分组成，手柄主要负责发送按键信息；接收器与单片机相连，用于接收手柄发来的信息，并传递给单片机，单片机也可通过接收器，向手柄发送命令，配置手柄的发送模式。接收器的引脚与扩展板的 PS2 遥控器模块用 6PIN 线相连。PS2 手柄及 PS2 接收器分别如图 2-21 和图 2-22 所示。

图 2-21　PS2 手柄　　　　　　　　　　图 2-22　PS2 接收器

19. 串口模块

在调试程序的时候，可能需要知道程序有没有被卡死或者某些变量在程序执行过程中的值，那么经常用的一个方法就是利用串口进行打印。利用串口进行打印实际上就是在核心开发板和计算机之间进行通信，开发板把打印内容通过串口传递到计算机上显示出来。本项目中利用套件箱里面的 CH340USB 转串口模块进行计算机与开发板的串口通信，CH340 串口模块如图 2-23 所示，其中黄色部分为跳线帽，用它把模块的 3V3 引脚和 VCC 连接起来。模块的 TXD 引脚和核心开发板的 UART4（串口 4）的 RX 相连、模块的 RXD 引脚和核心开发板的 UART4（串口 4）的 TX 相连、模块的 GND 引脚和核心开发板的 UART4（串口 4）的 GND 相连。使用 CH340 串口模块需要配合 XCOM V2.0.exe 软件使用，同时还要安装串口驱动。

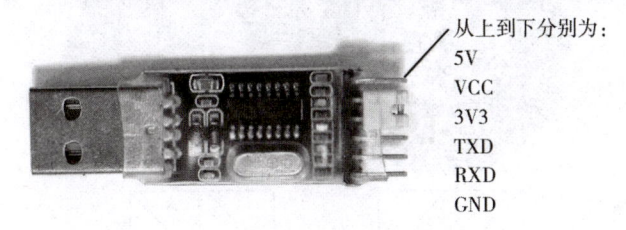

从上到下分别为：
5V
VCC
3V3
TXD
RXD
GND

图 2-23　CH340 串口模块

20. ST-LINK

ST-LINK 如图 2-24 所示。功能及特色如下。

可同时对外提供 5 V、3.3 V 电压输出，内部主板带有 500 mA 自恢复熔断器，具有红蓝双色 LED 指示灯，方便观察 ST-LINK V2 的工作状态；接口使用纯铜镀金 2.54 mm 间距简易牛角座，配 20 cm 杜邦线，可以适配不同目标板线序。

支持全系列 STM32 SWD 接口调试，4 线接口简单（包括电源）、速度快、工作稳定；接口定义外壳直接标明。

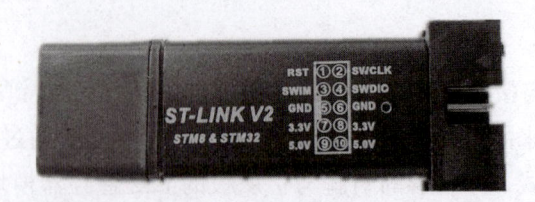

图 2-24 ST-LINK

支持全系列 STM8 SWIM 下载调试(常用开发环境如 IAR、STVD 等均支持)。支持的软件版本如下：

(1) XTW LINK ST Utility 2.0 及以上；

(2) STVD 4.2.1 及以上；

(3) STVP 3.2.3 及以上；

(4) IAR EWARM V6.20 及以上；

(5) IAR EWSTM8 V1.30 及以上；

(6) KEIL RVMDK V4.21 及以上。

支持固件自动升级，出厂时固件已经升级到最新的 V2.J17.S4。

21. 麦克纳姆轮

麦克纳姆轮(麦轮)由两部分组成：轮毂和辊子。轮毂是整个轮子的主体支架，辊子则是安装在轮毂上的鼓状物。麦轮的轮毂轴与辊子转轴呈 45° 角。理论上，这个夹角可以是任意值，根据不同的夹角可以制作出不同的轮子，但最常用的还是如图 2-25 所示的左旋轮和右旋轮，这两种轮呈手性对称。麦轮一般是 4 个一组使用，两个左旋轮，两个右旋轮。

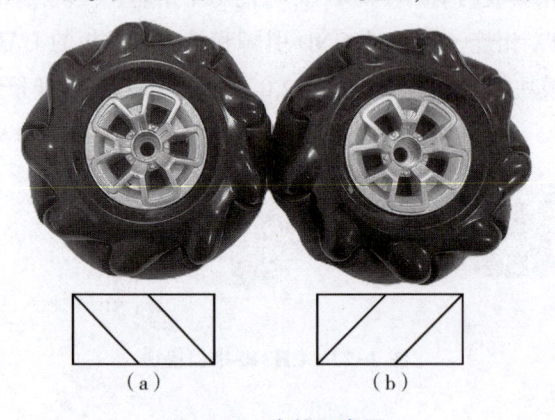

图 2-25 麦轮示意图
(a)左旋轮；(b)右旋轮

麦轮安装方式有多种，主要分为 X-正方形(X-square)、X-长方形(X-rectangle)、O-正方形(O-square)、O-长方形(O-rectangle)。其中，X 和 O 表示的是 4 个轮子上与地面接触的辊子所形成的图形。

> **课后习题**

1. 机器人由哪些部分组成？

2. 电动机驱动的特点是什么？列举 3 种电动机，并说明它们的特点。

3. 简述传动机构的作用和分类。

> **延伸阅读**

中国工业机器人：从无到有

中国工业机器人研究开始于20世纪70年代，但由于基础条件薄弱、市场应用不足等种种原因，未能形成真正的产品。在此背景下，1980年，蒋新松院士（图2-26），也被称为"中国机器人之父"，临危受命，担任中国科学院（简称中科院）沈阳自动化研究所所长，参与主持制定了《中国科学院沈阳自动化研究所1981—1990十年科研发展规划》，作为科技人员代表参加了中科院自然科学发展规划的制定，起草其中的自动化学科发展规划，正是这次机遇使中国的机器人发展获得了生机，机器人技术研究第一次正式被纳入了国家规划。

图2-26 蒋新松院士

同年，中国第一台工业机器人样机在沈阳自动化所诞生，从而拉开了中国机器人研发和产业化的序幕。1982年4月，中科院沈阳自动化研究所研制成功了我国第一台具有点位控制和速度轨迹控制的"SZJ-1"型示教再现工业机器人，开创了中国工业机器人发展的新纪元。

从20世纪80年代末到90年代，国家"863计划"把机器人列为自动化领域的重要研究课题。在国家"863计划"的支持下，工业机器人的应用研究开始加速。20世纪80年代中期，国家投入资金，研制出喷涂、点焊、弧焊和搬运机器人，中国工业机器人研究开发进入了一个新阶段，形成了中国工业机器人发展的一次高潮。20世纪90年代，沈阳自动化研究所自主研制成功了国产自动导引车，并第一次将其无故障运转在国内汽车生产线上，还在1994年和韩国公司签订协议，首次实现了技术出口，一举改写了中国机器人技术只有进口没有出口的历史。

第 3 章 机器人开发平台

3.1 集成开发环境（MDK5）介绍

MDK 源自德国的 KEIL 公司，是 RealView MDK 的简称。在全球有超过 10 万的嵌入式开发工程师使用 MDK。

MDK5 兼容 MDK4 和 MDK3 等，以前用 MDK4 或者 MDK3 开发的项目同样可以在 MDK5 上进行开发（但是得自己添加头文件），MDK5 也加强了针对 Cortex-M 内核的微控制器开发的支持，并且对传统的开发模式和界面进行升级。MDK5 由两个部分组成：MDK 和 Softwarepacks，如图 3-1 所示。其中，MDK 包括开发者开发基于 ARM 架构的嵌入式应用程序所需要的功能，如创建、构建及调试。Softwarepacks 用于添加设备支持和软件组件，可随时进行增加修改，包括工具链中的增加新器件的支持和中间件库的升级。

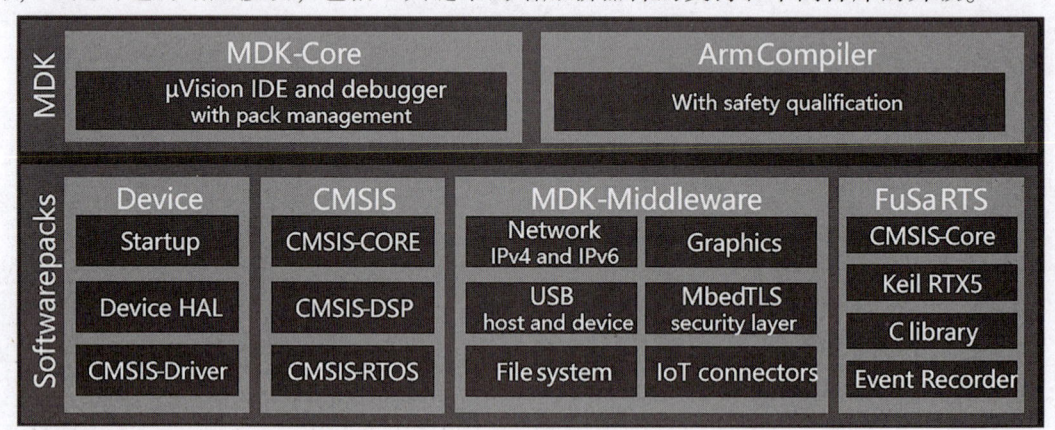

MDK			
MDK-Core µVision IDE and debugger with pack management		Arm Compiler With safety qualification	

Softwarepacks			
Device	CMSIS	MDK-Middleware	FuSa RTS
Startup	CMSIS-CORE	Network IPv4 and IPv6 / Graphics	CMSIS-Core
Device HAL	CMSIS-DSP	USB host and device / MbedTLS security layer	Keil RTX5
CMSIS-Driver	CMSIS-RTOS	File system / IoT connectors	C library Event Recorder

图 3-1　MDK 组成

3.2 集成开发环境(MDK5)安装

先对 Keil μVision5 MDK 压缩包进行解压，然后打开解压后的文件夹，双击 MDK527.exe 安装程序进行安装，需要设置安装路径，如图 3-2 所示。

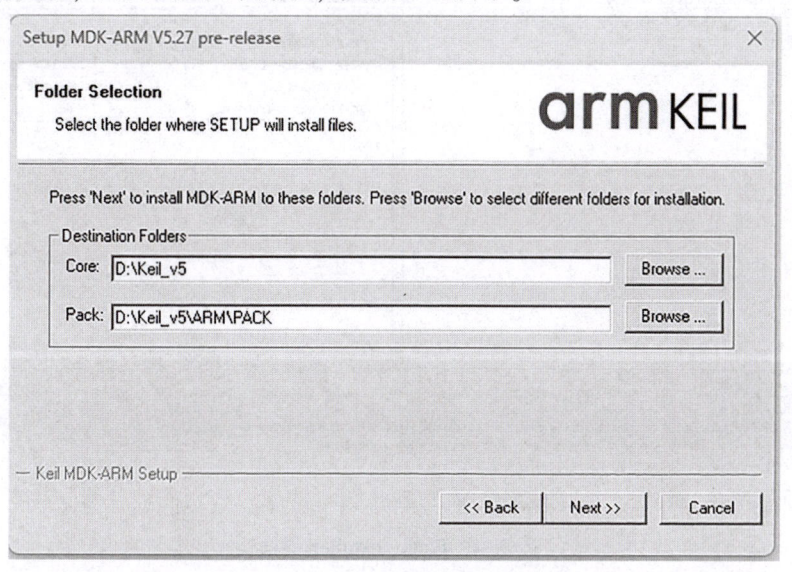

图 3-2 设置安装路径

安装路径不唯一，可以安装到想安装的位置，需要注意的是：安装路径一定不能包含中文！再设置一些简单的信息(名字、公司、邮箱等)就可以开始安装了。等待安装完成之后，MDK 会显示如图 3-3 所示的界面。

图 3-3 MDK 安装完成界面

最后单击 Finish 按钮即可完成安装，随后，MDK 会自动弹出 Pack Installer 界面，如图 3-4 所示。

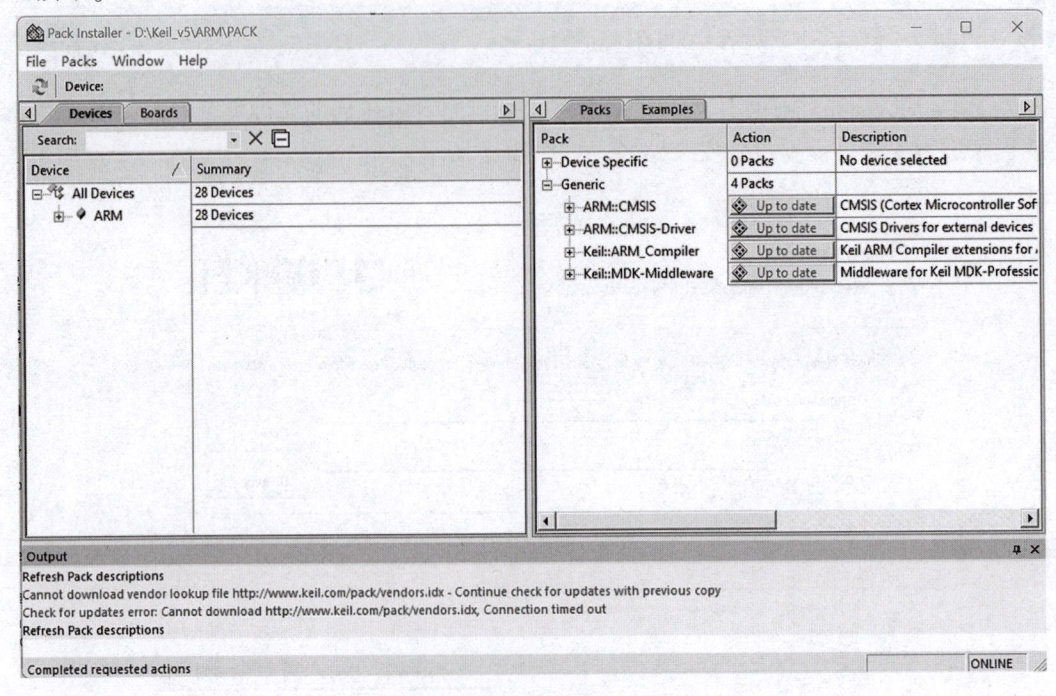

图 3-4 Pack Installer 界面

从图 3-4 可以看出，安装 MDK 之后，CMSIS 和 MDK 中间软件包已经安装了。另外，程序会自动去 KEIL 官网下载各种支持包，我们可以关闭这个下载过程，自己去官网上下载需要的支持包，以 STM32F427 为例，我们需要安装 STM32F427 的器件支持包，这个包的名称是 Keil.STM32F4xx_DFP.2.11.0.pack，双击这个安装包安装即可。

3.3 新建 HAL 库工程模板

新建 HAL 库工程模板的步骤如下。

建立 5 个文件夹（CORE、HALLIB、HARDWARE、OBJ、USER），从附带资料的工程模板中复制 SYSTEM 文件夹到要建立的工程模板文件夹下，最终建立的模板中应该有 6 个子文件夹，如图 3-5 所示。

图 3-5 工程模板下子文件夹

打开 MDK，单击菜单 Project→New μVision Project，定位目录到刚才建立的工程模板文件夹下的 USER 子文件夹，给工程取名为 template，然后保存。操作过程如图 3-6 和图 3-7 所示。然后会出现选择 Device 的界面，选择芯片型号，这里我们定位到 STMicroelectronics

下面的 STM32F429ZGTx(本书使用的芯片型号是 STM32F429ZGT6)，如图 3-8 所示，然后单击 OK 按钮。接下来弹出来的界面直接单击 Cancel 按钮关闭掉。

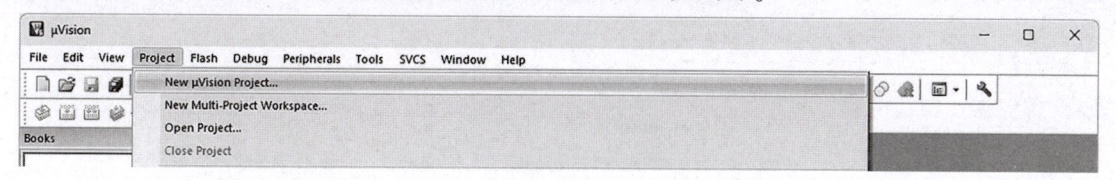

图 3-6　新建工程

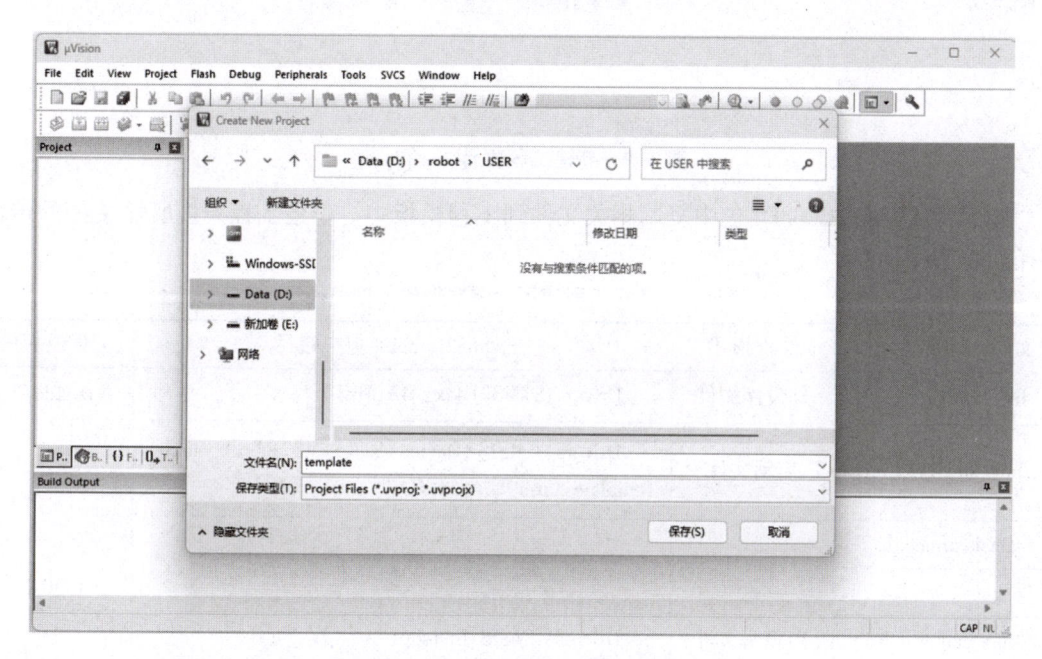

图 3-7　新建工程名 template

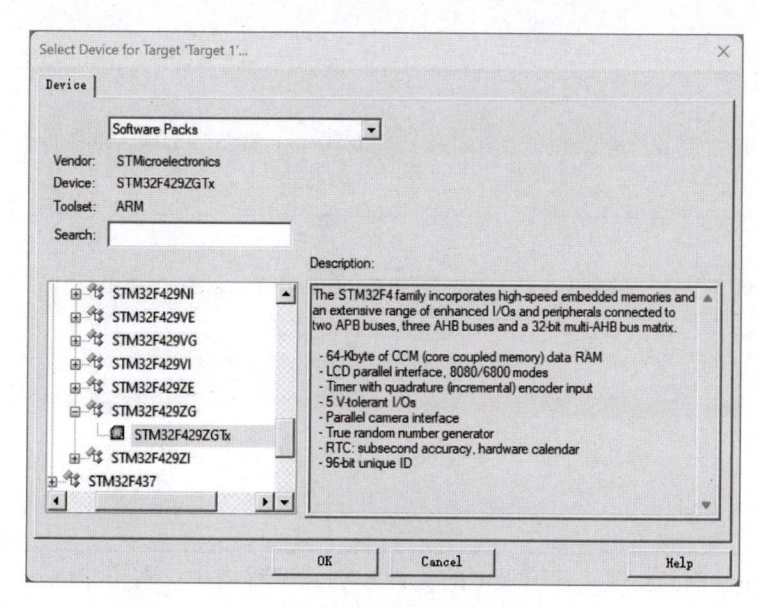

图 3-8　选择芯片型号

这时，打开新建工程模板文件夹下的 USER 子文件夹，会看到工程文件 template 已经建立，如图 3-9 所示。

图 3-9　新建工程文件 template

接下来从 stm32CubeF4 包中复制相关文件到工程模板中。新建工程模板所需文件的传输路径如表 3-1 所示。

表 3-1　新建工程模板所需文件的传输路径

文件/文件夹名称	文件描述	在 stm32CubeF4 包中路径	工程模板中
Inc、Src 文件夹	外设库文件	\Drivers\STM32F4xx_HALDriver	HALLIB
startup_stm32f427xx.s	启动文件	\Drivers\CMSIS\Device\ST\STM32F4xx\Source\Templates\arm	
cmsis armcc.h	内核头文件	\Drivers\CMSIS\Include	CORE
core cm4.h			
core cmFunc.h			
core cmInstr.h			
core cmSimd.h			
stm32f4xx.h	顶层头文件	\Drivers\CMSIS\Device ST\STM32F4xx\Include	
stm32f427xx.h			
system stm32f4xx.h			
main.h	头文件	\Projects\STM32F429I-Discovery\Templates\Inc	USER
stm32f4xx.hal_conf.h			
stm32f4xx.it.h			
main.c	源文件	\Projects\STM32F429I-Discovery\Templates\Src	
stm32f4xxhal msp.c			
stm32f4xxit.c			
system_stm32f4xx.c			

现在将上面复制到新建工程模板中的文件添加到工程当中。右击 Target1，选择 Manage Project Items，如图 3-10 所示。

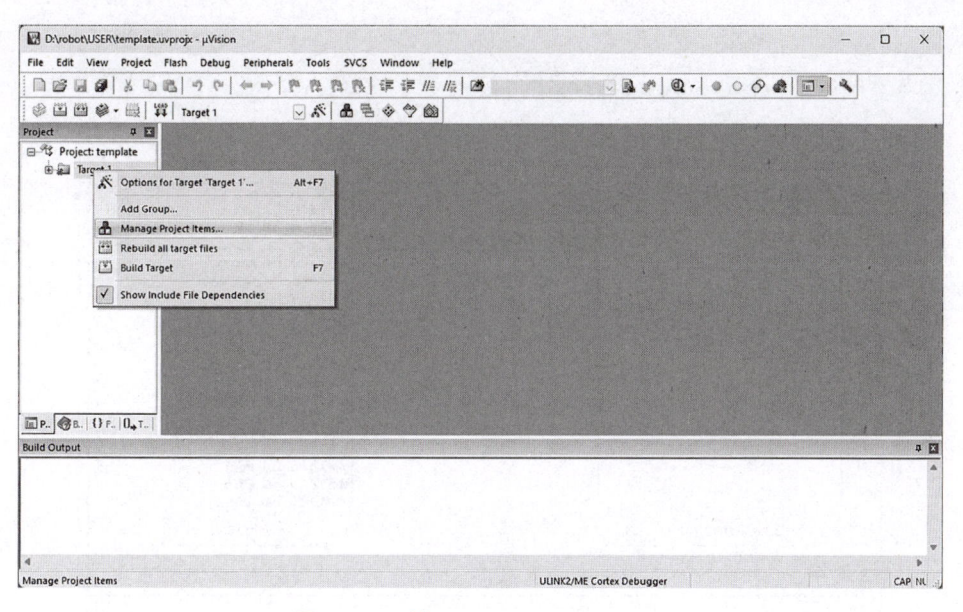

图 3-10 选择 Manage Project Items

在 Project Targets 一栏，双击 Target 1，将名字改为 Template，然后选中 Groups 一栏的 Source Group1，单击"×"删除此分组，并建立 5 个分组：USER、SYSTEM、CORE、HALLIB 和 HARDWARE，如图 3-11 所示。

接下来往 Group 中添加之前复制的文件，按照上一步，右击 Template，选择 Manage Project Items。然后选择需要添加文件的分组，第一步选择 HALLIB，单击右边的 Add Files 按钮，定位到刚才建立的\HALLIB\Src 目录下，利用〈Ctrl+A〉快捷键将里面的所有文件选中，单击 Add 按钮，然后单击 Close 按钮回到软件界面，可以看到 Files 列表下面已经包含了我们需要的文件，如图 3-12 所示。

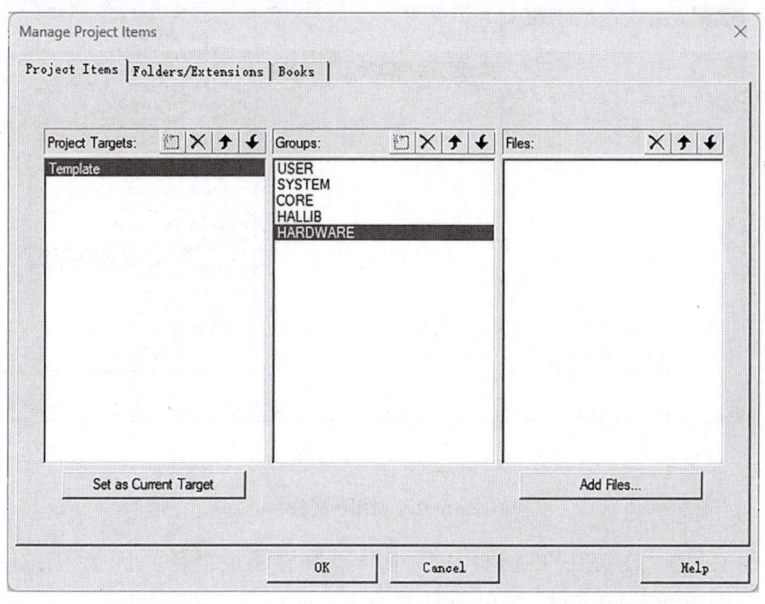

图 3-11 新建分组

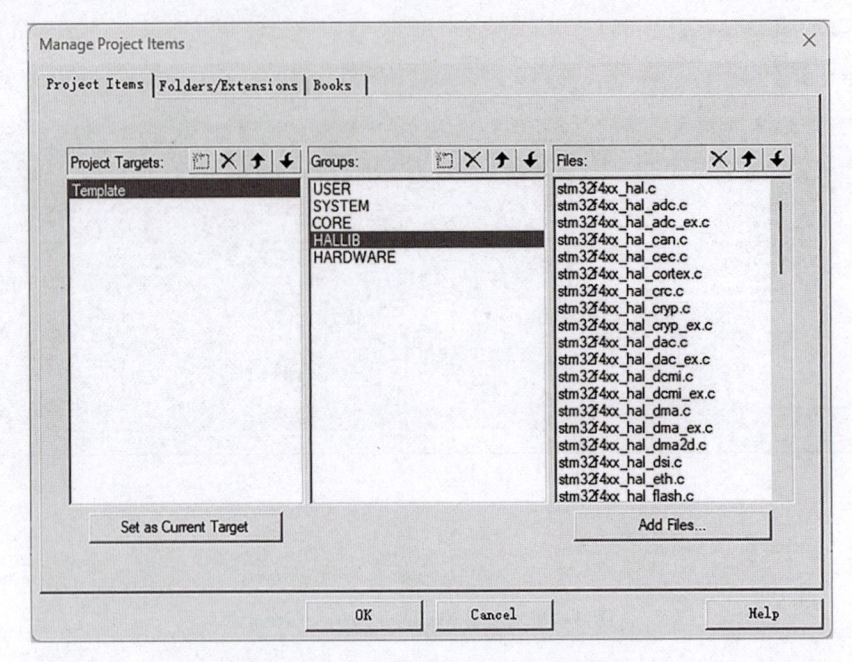

图 3-12 添加文件到 HALLIB 分组

这里面有几个文件需要删除，如 stm32f4xx_hal_dsi.c、stm32f4xx_hal_iptim.c 和 stm32f4xx_hal_msp_template.c，删除某个文件需要选中这个文件，然后单击上面的"×"，如图 3-13 所示。

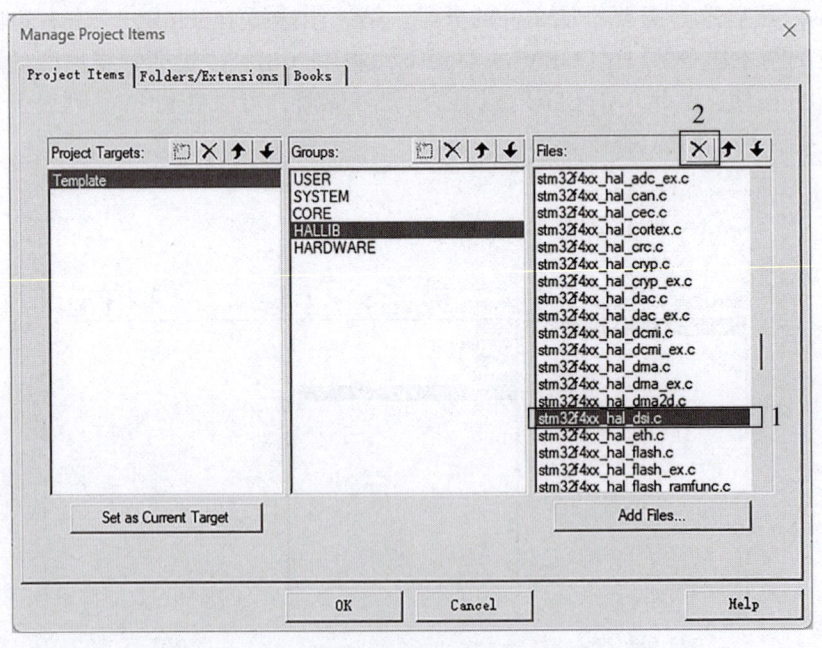

图 3-13 删除文件

随后继续往 CORE、USER、SYSTEM 三个分组里面添加文件，因为 HARDWARE 中一般存放的是真正的用户所写的文件（如外设初始化），所以在新建模板时不需要往里面添加文件，只有后面用户为了完成某项功能而编写程序的时候才需要往里面添加文件。对 CORE 分组添加文件的时候，单击 Add Files 按钮后需要改选文件类型为 All files（图 3-14）才能看见文件，然后把这 6 个文件添加到 CORE 分组里面。图 3-15、图 3-16 和图 3-17 所示分别为往 CORE 分组、USER 分组和 SYSTEM 分组添加文件后的界面。往 SYSTEM 分组添加文件的时候要注意在 SYSTEM 的子目录下面去找 delay.c、sys.c、usart.c 这 3 个源文件。

图 3-14　对 CORE 分组添加文件

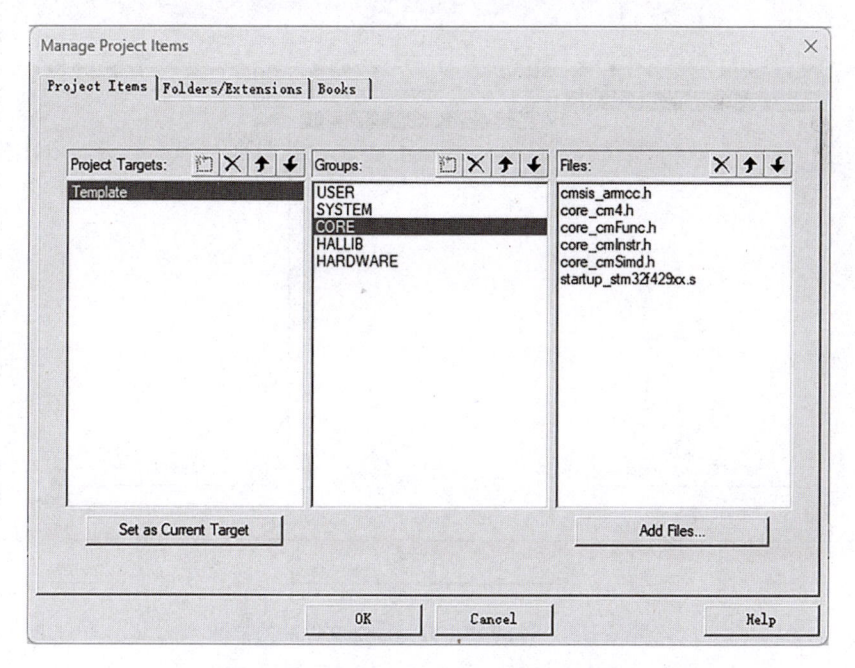

图 3-15　CORE 分组添加文件后的界面

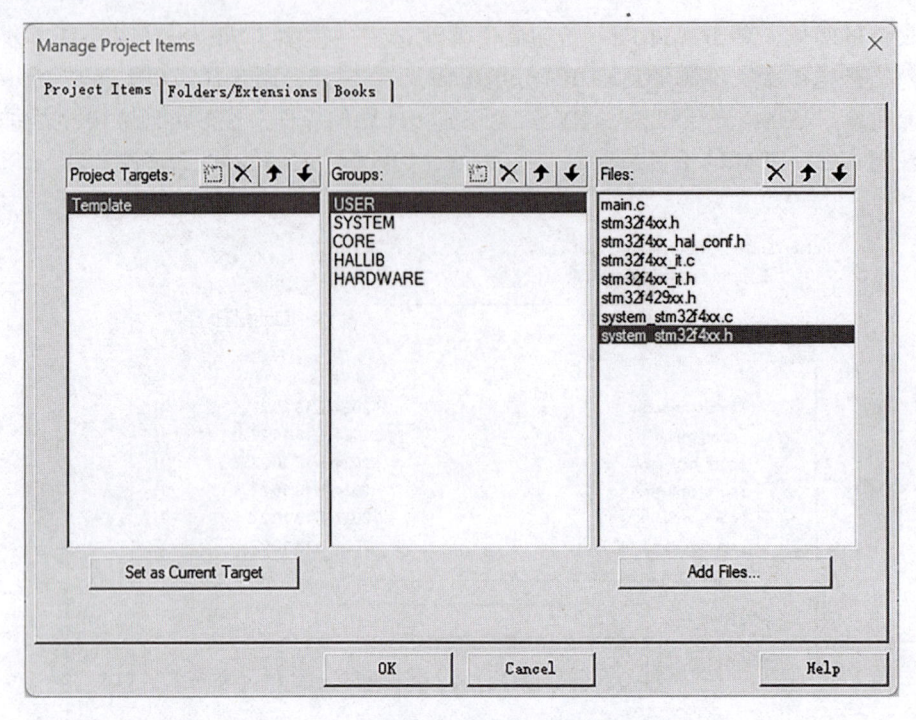

图 3-16　USER 分组添加文件后的界面

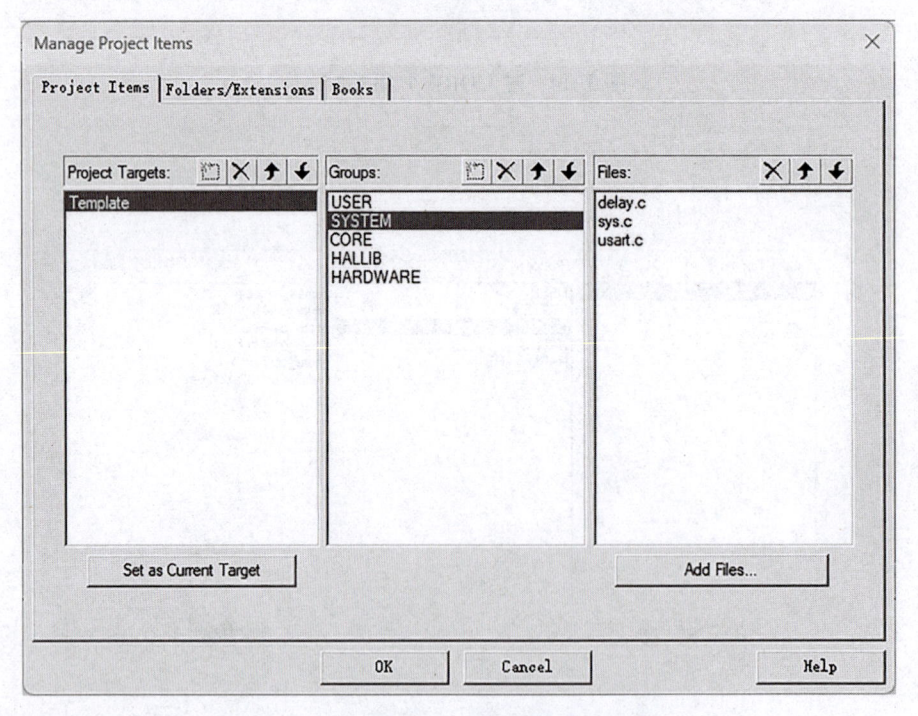

图 3-17　SYSTEM 分组添加文件后的界面

接下来就要在工程中添加头文件路径和全局宏定义，以及进行一些必要操作。按图 3-18 所示进行操作，在第 3 步时会打开如图 3-19 所示的界面，图 3-19 中标号为 1 的操作为添加某一个路径，标号为 2 的操作为新建路径。这里要特别注意，HAL 库存放头文件的子目录是\HALLIB\Inc，而不是\HALLIB\Src。图 3-20 所示为需要添加的头文件路径。图 3-21 所示为添加的全局宏定义，在这里输入如图所示的宏定义，然后完成如图 3-22 所示的操作。所有操作完成后单击 OK 按钮退出（不要单击 Cancel 按钮），经过上面的操作，一个工程模板就建立了。

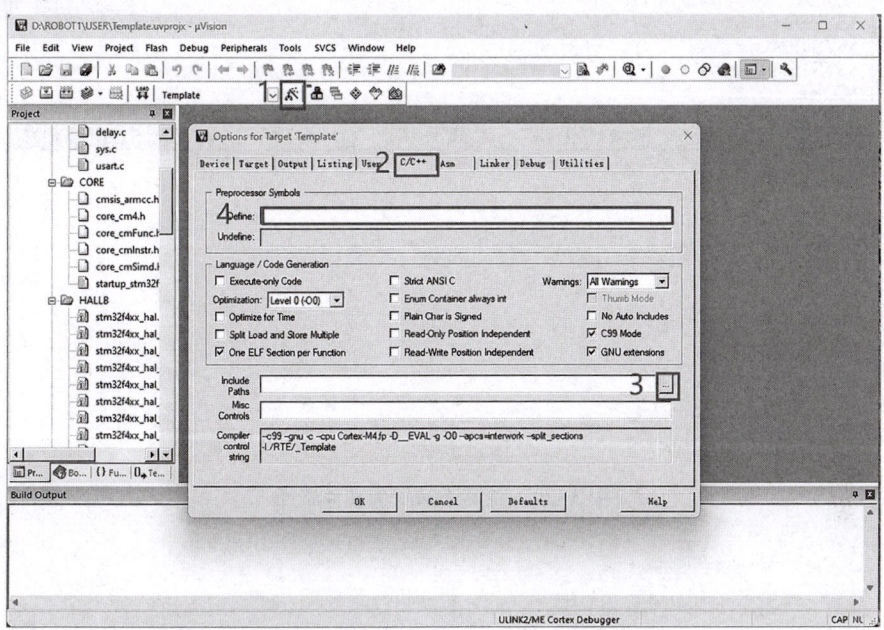

图 3-18 在工程中添加头文件路径和全局宏定义

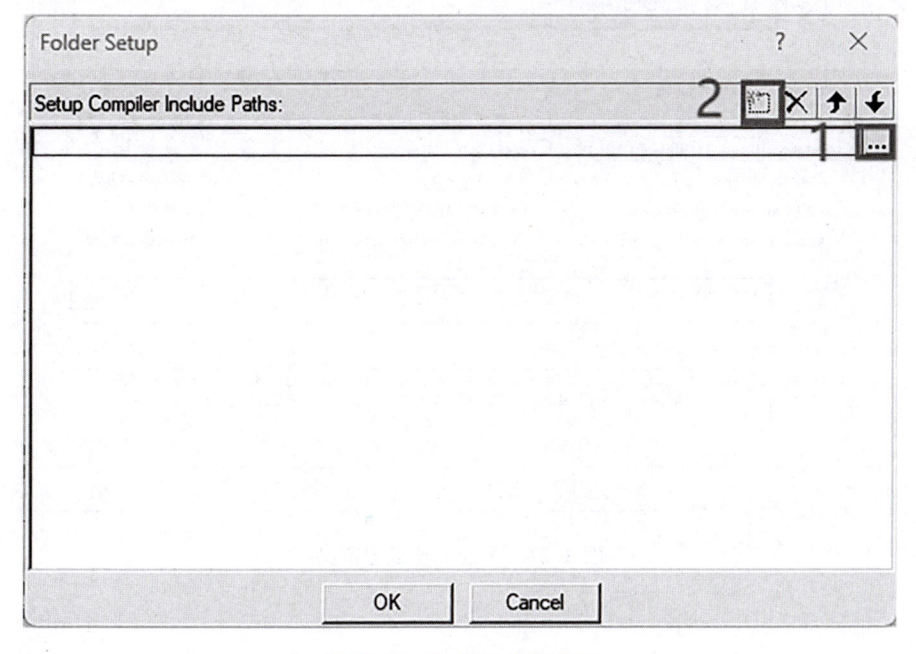

图 3-19 添加头文件路径

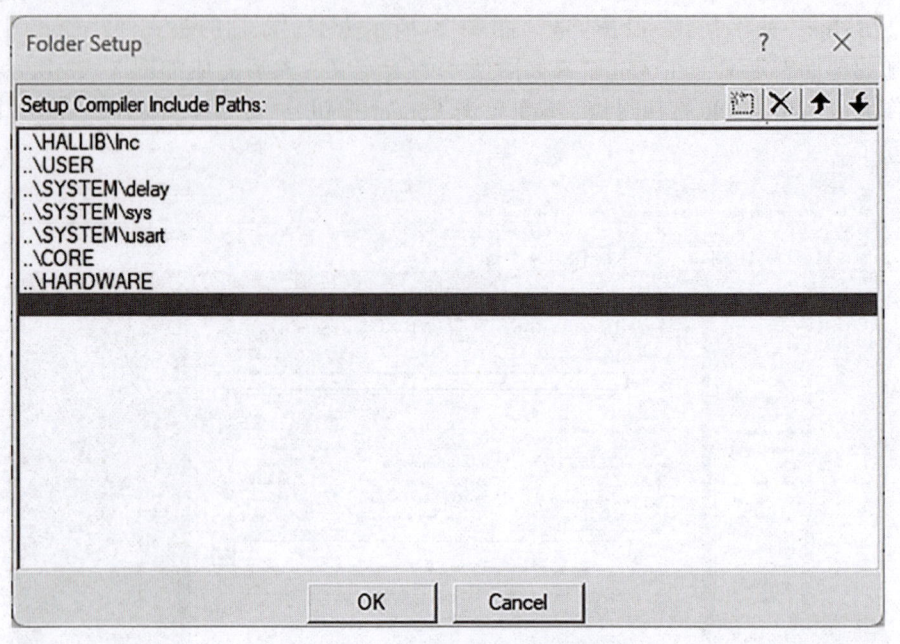

图 3-20　需要添加的头文件路径

图 3-21　添加的全局宏定义

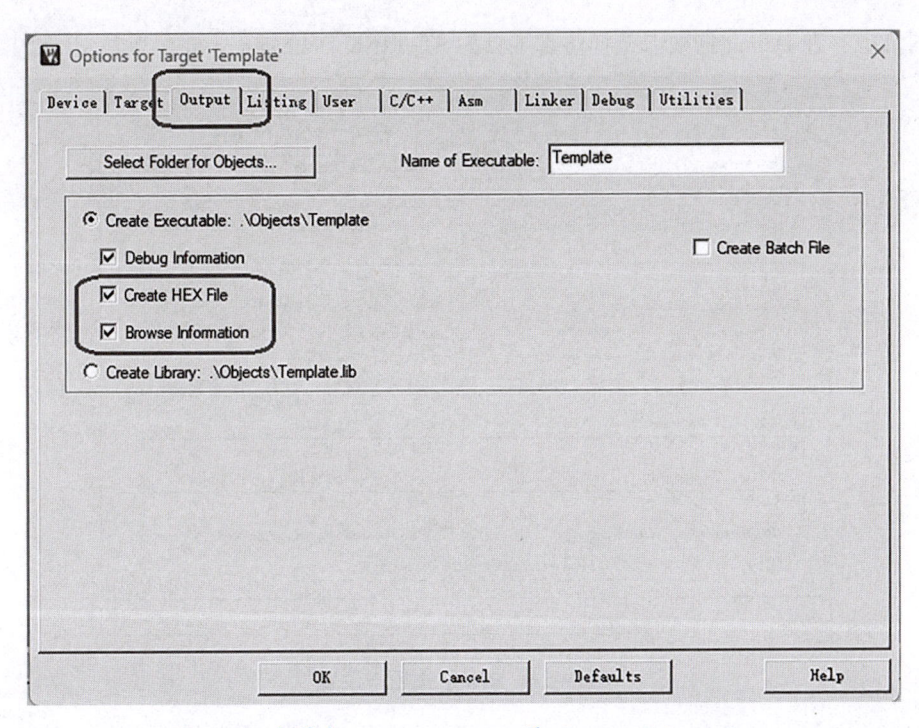

图 3-22 勾选上 Create HEX File 和 Browse Information

3.4 应用程序的下载与调试

STM32F4 下载应用程序的方法有很多种，如 USB、串口、JTAG、SWD 等。其中，串口只能下载应用程序，并不能实时跟踪调试。而 ST-LINK、JLINK 和 ULINK 等可以利用调试工具实时跟踪应用程序，从而找到应用程序中的 bug，使开发事半功倍。这里我们介绍比较常用的 ST-LINK。

ST-LINK 支持 JTAG 和 SWD，同时 STM32F427 也支持 JTAG 和 SWD。因此，我们有两种调试方式。JTAG 调试的时候，占用的 IO 线比较多，而 SWD 调试的时候占用的 IO 线很少，只需要两根就可以了，ST-LINK 和核心开发板连接方式如表 3-2 所示。

表 3-2 ST-LINK 和核心开发板连接方式

ST-LINK 引脚	核心开发板引脚	备注
SWCLK	SWCLK	4PIN 串口线
SWDIO	SWDIO	
GND	GND	
3.3 V	3.3 V	

首先我们需要安装 ST-LINK 驱动，打开 ST-LINK 驱动安装包文件夹，双击 dpinst_amd64.exe 进行安装。

在安装 ST-LINK 驱动之后，连上 ST-LINK，打开要下载的程序单击，打开 Options for

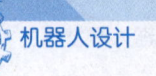

Target 对话框，在 Debug 选项卡选择仿真工具为 ST-LINK Debugger，如图 3-23 所示。

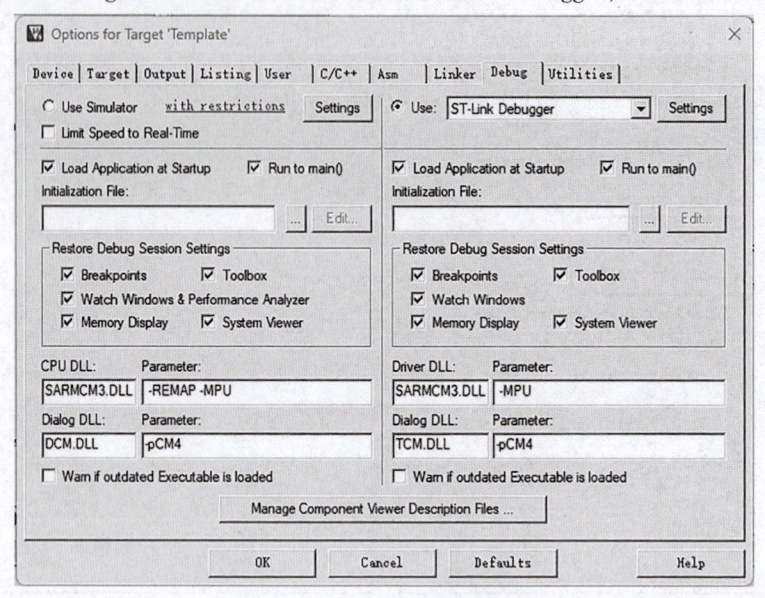

图 3-23　Debug 选项卡设置

图 3-23 中需要勾选 Run to main()，勾选后，只要开始仿真就会直接运行到 main() 函数，如果没有勾选，则会先执行 startup_stm32f427xx.s 文件的 Reset_Handler，再跳到 main() 函数。然后单击 Settings 按钮，设置 ST-LINK 的一些参数，如图 3-24 所示。

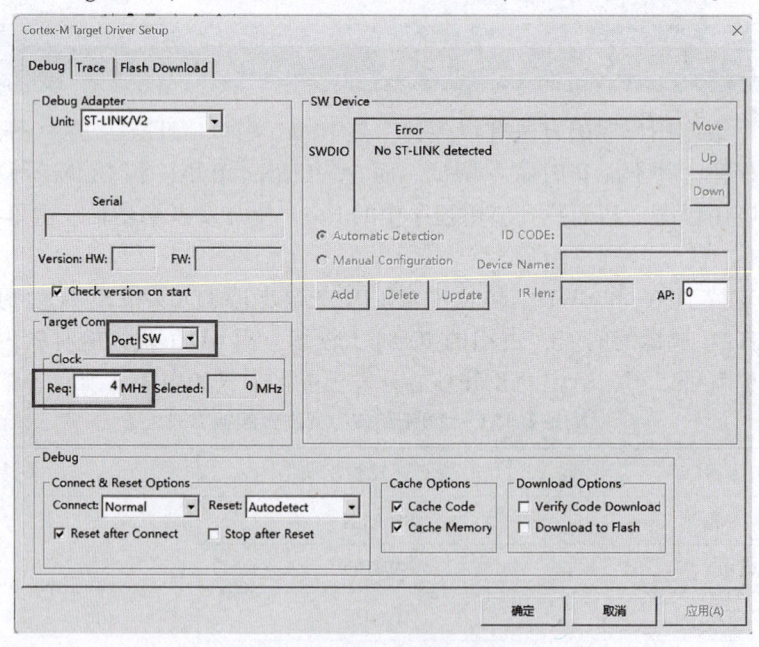

图 3-24　ST-LINK 参数设置

如图 3-24 所示，我们使用 ST-LINK 的 SWD 模式调试，因为 JTAG 需要占用比 SWD 模式更多的 IO 口，而在开发板上这些 IO 口可能被其他外设所使用。将 Clock 设置为最大：4 MHz（需要更新固件，否则最大只能到 1.8 MHz）。单击"确定"按钮完成此部分设置，接下来单击 Utilities 标签，设置下载时的目标编程器，如图 3-25 所示。

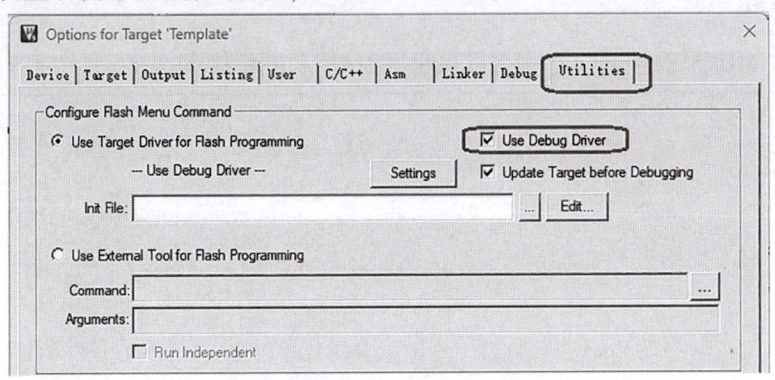

图 3-25　Flash 编程器选择

图 3-25 中，直接勾选 Use Debug Driver，即和调试一样，选择 ST-LINK 来给目标器件的 Flash 编程，然后单击 Settings 按钮，进行如图 3-26 所示的设置。这里 MDK5 会根据新建工程时选择的目标器件，自动设置 Flash 算法，本书使用的 STM32F429ZGT6，Flash 容量为 1 MB，所以 Programming Algorithm 里面默认会有 1M 型号的 STM32F4xx Flash 算法。最后勾选 Reset and Run，以实现在编程后自动运行，其他设置默认即可。

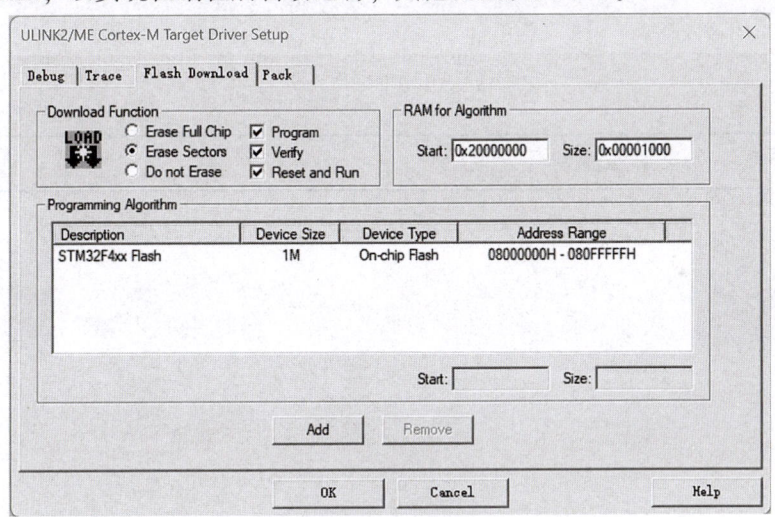

图 3-26　编程设置

配置好 ST-LINK 之后，使用 ST-LINK 下载应用程序就非常简单了，先单击"编译"按钮，编译工程，再单击"下载"按钮就可以进行应用程序下载，如图 3-27 所示。下载完成之后可以直接在开发板上执行。

图 3-27　"编译"和"下载"按钮

课后习题

1. 如何在 MDK5 平台上新建一个应用程序 HAL 库工程模板？

2. 如何下载一个应用程序到开发板上？

> 延伸阅读

"中国龙芯之母"——黄令仪

黄令仪,我国微电子领域元老级专家,倾其一生致力于集成电路事业的发展,80多岁时仍奋战科研一线。

黄令仪于1936年出生在广西南宁,由于幼年经历过山河破碎的绝望,她早早立下救亡图存、报效祖国的志向。

成年后,黄令仪以优异的成绩考上华中工学院(今华中科技大学)。因成绩名列前茅,黄令仪被推荐至清华大学进修,主攻半导体器件,从此与微电子学结下终身之缘。进修期间,她与同学们一起听课和学习,课余时间则在初创的实验室参加科研工作。

学成后,黄令仪返回华中工学院创建半导体专业,亲自讲授半导体器件与材料课。她还带领一批年轻的教工和学生风风火火地创建了国内首个半导体实验室。她曾回忆说,"什么都自己动手干,研制出了半导体二极管。"

随后,黄令仪被调至中科院计算技术研究所工作。为突破"两弹一星"中的瓶颈,国家成立计算技术研究所二部,专攻微型计算机和三极管等项目,这也是中国第一个芯片研究团队。

在缺资料、缺设备、缺人才、缺材料的情况下,黄令仪带领团队呕心沥血成功研制出半导体三极管,就此步入艰难的芯片研发之旅。

1973年,中科院决定研制大型通用计算机。作为集成电路上的载体,芯片被广泛应用于各个领域。为能尽快研制出性能稳定的存储器,黄令仪和团队开始逐一突破,他们研制的芯片也于1978年获得全国科学大会重大科技成果奖。

截至1984年,晶体管研发有所突破。但不久后,由于经费紧张,大规模集成电路研发被叫停,黄令仪只能心痛接受这个结果。

1989年,黄令仪受邀参加美国的国际芯片展览会。偌大的会场里,她跑遍展台却没有发现一家中国企业,她在日记中写道:"琳琅满目非国货,泪涟涟。"

2001年,65岁的黄令仪步入退休生活,但她的志向还未实现。此时,中科院胡伟武教授向全国发出打造中国芯的集结令。他亲自找到黄令仪,邀请她一起研究芯片。面对重重困难,黄令仪还是毅然选择加入龙芯研发团队,成为项目负责人。

2002年,我国首款通用CPU"龙芯1号"研制成功,虽然性能上与国外顶尖芯片相比仍有差距,但却真正打破了国产计算机无芯可用的历史。

龙芯总设计师胡伟武回忆说,"黄令仪老师年近八十岁时,依然从早到晚拖着鼠标,盯着屏幕查电路。有人劝她给年轻人把把关就行,别亲自干。她脱口而出'我这辈子最大的心愿是匍匐在地,擦干祖国身上的耻辱'。"

在黄令仪和团队的不懈努力下,研究出了"龙芯3号"等一大批国产高性能芯片。北斗卫星也装上了中国芯,彻底打破西方技术封锁。

在长达半个多世纪的艰辛探索中,以黄令仪为代表的芯片人,用青春与汗水一路披荆斩棘,打造出中国人自己的芯片,让我国摆脱无芯可用的局面。致敬,"国之脊梁"!

本文来源:央视新闻微信公众号

第 4 章 基础性实验

实验一 按键输入控制实验

1. 实验目标

（1）锻炼接线能力。
（2）掌握 STM32F429 的读取 IO 口功能，学会使用按键模块。
（3）学会通过外设控制 LED 的亮灭。

2. 开发环境

（1）硬件：STM32F429 主控制器、按键模块。
（2）软件：Windows 7/10、MDK 集成开发环境。

3. 实验内容

3.1 所用器件及接线说明

本实验使用的器件是套件箱中的按键模块，器件接线说明如表 4-1 所示。

表 4-1 器件接线说明

扩展板	外设	备注
GND	按键模块 GND	4PIN 排针插口
PB13	按键模块 IO3	4PIN 排针插口
PB14	按键模块 IO2	4PIN 排针插口
PB15	按键模块 IO1	4PIN 排针插口

3.2 工作原理

按照接线表接好线后，可以分别按下 S1、S2、S3、S4（见图 2-12），两个 LED 分别按照 LED0、LED1 互斥点亮，LED0 翻转亮灭，LED1 翻转亮灭，LED0、LED1 同时翻转亮灭的方式控制。

3.3 软件设计

3.3.1 按键模块控制方式介绍

按键模块由 6 个按键组成，每次仅能有一个键值上传给单片机，当按下 S1 时，获取的键值为 0x01，按下 S2 时获取的键值为 0x02，以此类推。

按键模块共有 4 个引脚，分别为 IO1、IO2、IO3、GND，其中 IO 引脚将获取的键值输出给单片机。

3.3.2 代码介绍

1）按键初始化函数

按键初始化函数示例代码如下。

```
void key_init()
{
    GPIO_InitTypeDef GPIO_Initure;
    _HAL_RCC_GPIOB_CLK_ENABLE();
    GPIO_Initure.Pin=GPIO_PIN_13|GPIO_PIN_14|GPIO_PIN_15;
    GPIO_Initure.Mode=GPIO_MODE_INPUT;          //推挽输出
    GPIO_Initure.Pull=GPIO_PULLUP;              //上拉
    GPIO_Initure.Speed=GPIO_SPEED_HIGH;         //高速
    HAL_GPIO_Init(GPIOB,&GPIO_Initure);
}
```

为了从按键模块上获取键值，需要键值的计算函数，该函数将按键按下后 IO1、IO2、IO3 引脚接收到的电平信号转换成键值数据。示例代码如下。

```
void get_key_value()
{
    key_value = (~((key1 << 2)|(key2 << 1)|key3)) & 0x07;
}
```

再通过函数对键值进行定义，示例代码如下。

```
u8 KEY_Scan()
{
    get_key_value();
    if(key_up&&(key1==0||key2==0||key3==0||key4==0))
    if(key_value!=0x00)
    {
        delay_ms(10);
        if(key_value==0x01)
            return KEY1_PRES;
        else if(key_value==0x02)
```

```
                    return KEY2_PRES;
            else if(key_value==0x03)
                    return KEY3_PRES;
            else if(key_value==0x04)
                    return KEY4_PRES;
        }
        return 0;      //无按键按下
}
```

接下来我们看看头文件 key.h 里面的代码，这段代码里面最关键的就是以下 3 个宏定义。

```
#define key1 HAL_GPIO_ReadPin(GPIOB, GPIO_PIN_13)
#define key2 HAL_GPIO_ReadPin(GPIOB, GPIO_PIN_14)
#define key3 HAL_GPIO_ReadPin(GPIOB, GPIO_PIN_15)
```

这里使用的是 HAL 库函数 HAL_GPIO_ReadPin 来实现读取某个 IO 口的状态。示例代码如下。

```
#ifndef _KEY_H
#define _KEY_H

#include "main.h"
#define key1    HAL_GPIO_ReadPin(GPIOB, GPIO_PIN_13)
#define key2    HAL_GPIO_ReadPin(GPIOB, GPIO_PIN_14)
#define key3    HAL_GPIO_ReadPin(GPIOB, GPIO_PIN_15)

#define KEY1_PRES    1
#define KEY2_PRES    2
#define KEY3_PRES    3
#define KEY4_PRES    4

void key_init(void);
uint8_t KEY_Scan(void);
#endif
```

2) 主函数

在主函数中通过 switch 语句对键值进行判断，以达到控制 LED 状态的目的。示例代码如下。

```
#include "sys.h"
#include "delay.h"
#include "usart.h"
#include "led.h"
```

```c
#include "key.h"
PB13-IO3; PB14-IO2; PB15-IO1
int main(void)
{
    u8 key;
    HAL_Init();                       //初始化 HAL 库
    Stm32_Clock_Init(360,25,2,8);     //设置时钟,180 MHz
    delay_init(180);                  //初始化延时函数
    uart_init(115200);                //初始化串口通信
    LED_Init();                       //初始化 LED
    key_init();                       //初始化按键
    while(1)
    {
        key=KEY_Scan();               //按键扫描
        switch(key)
        {
            case  KEY1_PRES:          //控制 LED0、LED1 互斥点亮
                LED1=!LED1;
                LED0=!LED1;
                break;
            case  KEY2_PRES:          //控制 LED0 翻转
                LED0=!LED0;
                break;
            case  KEY3_PRES:          //控制 LED1 翻转
                LED1=!LED1;
                break;
            case  KEY4_PRES:          //控制 LED0、LED1 同时翻转
                LED0=!LED0;
                LED1=!LED1;
                break;
        }
        delay_ms(10);
    }
}
```

先进行一系列的初始化操作，然后在死循环中调用按键扫描函数 KEY_Scan()扫描键值，最后根据键值控制 LED 的状态。

3.4 代码流程

按键输入控制实验代码流程如图 4-1 所示。

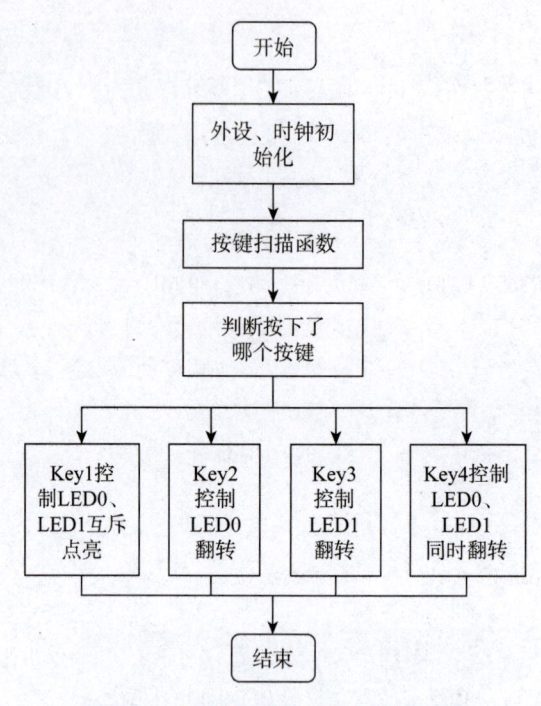

```
                    开始
                     │
                     ▼
                外设、时钟初
                    始化
                     │
                     ▼
                按键扫描函数
                     │
                     ▼
                判断按下了
                 哪个按键
        ┌──────┬─────┴─────┬──────┐
        ▼      ▼           ▼      ▼
    Key1控    Key2        Key3   Key4控制
    制LED0、  控制         控制    LED0、
    LED1互斥  LED0        LED1    LED1
    点亮      翻转         翻转    同时翻转
        └──────┴─────┬─────┴──────┘
                     ▼
                    结束
```

图 4-1 按键输入控制实验代码流程

实验二　PWM 输出实验

1. 实验目标

（1）熟悉定时器的工作原理及相关寄存器的功用。
（2）掌握使用 STM32F429 定时器的 PWM 输出功能。

2. 开发环境

（1）硬件：STM32F429 主控制器、流水灯。
（2）软件：Windows 7/10、MDK 集成开发环境。

3. 实验内容

3.1 所用器件及接线说明

本实验所用器件包括 STM32F429 主控制器和流水灯，器件接线说明如表 4-2 所示。

表 4-2 器件接线说明

扩展板	外设	备注
LED1	流水灯	2PIN 排针插口
VCC	流水灯	2PIN 排针插口

3.2 工作原理

本实验利用 TIM4_ch1 上面的 IO 口引脚复用功能，使其为 PWM 模式，之后使能控制 RGB 灯板上的灯珠，通过改变 PWM 的占空比调节灯珠亮度。

3.3 软件设计

3.3.1 PWM 和 RGB 灯介绍

1) PWM 原理

PWM 是英文 Pulse Width Modulation 的缩写，即脉冲宽度调制，是利用微处理器的数字输出来对模拟电路进行控制的一种非常有效的技术。简单来说，PWM 就是对脉冲宽度的控制。PWM 原理示意图如图 4-2 所示。

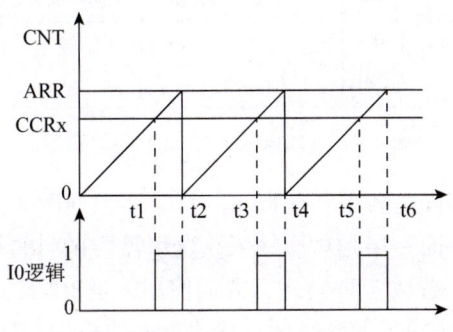

图 4-2　PWM 原理示意图

我们假定定时器工作在向上计数 PWM 模式，且当 CNT<CCRx 时，输出 0；当 CNT≥CCRx 时输出 1。那么，就可以得到图 4-2：当 CNT 值小于 CCRx 的时候，IO 输出低电平（0），当 CNT 值大于或等于 CCRx 的时候，IO 输出高电平（1），当 CNT 达到 ARR 值的时候，重新归 0，然后重新向上计数，依次循环。改变 CCRx 的值，就可以改变 PWM 输出的占空比，改变 ARR 的值，就可以改变 PWM 输出的频率，这就是 PWM 输出的原理。

STM32F429 的定时器除了 TIM6 和 TIM 7，其他的定时器都可以用来产生 PWM 输出。其中，高级定时器 TIM1 和 TIM8 可以同时产生多达 7 路的 PWM 输出。而通用定时器也能同时产生多达 4 路的 PWM 输出，这里我们仅使用 TIM4 的 CH1 产生一路 PWM 输出。

2) RGB 灯原理

RGB 灯是根据颜色发光的原理来设计的，红、绿、蓝三色光两两（相互）叠合的时候，色彩相混，而亮度却等于两者亮度之总和，越混合亮度越高，即加法混合。有色光可被无色光冲淡并变亮，如蓝色光与白光相遇，结果是产生更加明亮的浅蓝色光。知道它的混合原理后，在软件中设定颜色就容易理解了。红、绿、蓝 3 盏灯的叠加情况，中心三色最亮的叠加区为白色。

红、绿、蓝 3 个颜色通道每种色各分为 256 阶亮度，在 0 时"灯"最弱（关闭），而在 255 时"灯"最亮。当三色灰度数值相同时，产生不同灰度值的灰色调，如三色灰度数值都为 0 时，是最暗的黑色调；三色灰度数值都为 255 时，是最亮的白色调。

RGB 颜色称为加成色，通过将红、绿和蓝添加在一起（即所有光线反射回眼睛）可产生白色。加成色用于照明光、电视和计算机显示器。例如，显示器通过红色、绿色和蓝色荧光粉发射光线产生颜色。绝大多数可视光谱都可表示为红、绿、蓝三色光在不同比例和强度上

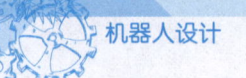

的混合。

3.3.2 定时器控制逻辑介绍

STM32F429 通过通用定时器的 3 个寄存器 TIMx 产生 PWM 输出，来控制 PWM。这 3 个寄存器分别是捕获/比较模式寄存器（TIMx_CCMR1/2）、捕获/比较使能寄存器（TIMx_CCER）、捕获/比较寄存器(TIMx_CCR1~4)。接下来简单介绍一下这 3 个寄存器。

（1）捕获/比较模式寄存器(TIMx_CCMR1/2)。该寄存器一般有 2 个：TIMx _CCMR1 和 TIMx _CCMR2。TIMx_CCMR1 控制 CH1 和 CH2，而 TIMx_CCMR2 控制 CH3 和 CH4。以下我们将以 TIMx_CCMR2 为例进行介绍，TIMx_CCMR2 的各位描述如图 4-3 所示。

15	14	13	12	11	10	9	8	7	6	5	4	3	2	1	0
OC4CE	OC4M[2:0]			OC4PE	OC4FE	CC4S[1:0]		OC3CE	OC3M[2:0]			OC3PE	OC3FE	OC3S[1:0]	
	IC4F[3:0]			IC4PSC[1:0]					IC3F[3:0]			IC3PSC[1:0]			
rw	rw	rw	rw	rw	rw	rw	rw	rw	rw	rw	rw	rw	rw	rw	rw

图 4-3　TIMx_CCMR2 的各位描述

该寄存器的有些位在不同模式下，功能不一样，所以在图 4-3 中，我们把寄存器分了 2 层，上面一层对应输出，下面一层则对应输入。这里需要说明的是模式设置位 OC4M，此部分由 3 位组成，总共可以配置成 7 种模式，我们使用的是 PWM 模式，所以这 3 位必须设置为 110 或 111。这两种 PWM 模式的区别就是输出电平的极性相反。另外，CC4S 用于设置通道的方向（输入/输出），默认设置为 0，就是设置通道作为输出使用。

（2）捕获/比较使能寄存器(TIMx_CCER)。该寄存器控制着各个输入输出通道的开关，TIM3_CCER 的各位描述如图 4-4 所示。

15	14	13	12	11	10	9	8	7	6	5	4	3	2	1	0
CCC4NP	Res.	CC4P	CC4E	CC3NP	Res.	CC3P	CC3E	CC2NP	Res.	CC2P	CC2E	CC1NP	Res.	CC1P	CC1E
rw		rw	rw	rw		rw	rw	rw		rw	rw	rw		rw	rw

图 4-4　TIM3_CCER 的各位描述

我们这里只用到了该寄存器的 CC4E 位，该位是输入/捕获 4 输出使能位，要想 PWM 从 IO 口输出，这个位必须设置为 1。

（3）捕获/比较寄存器(TIMx_CCR1~4)。该寄存器总共有 4 个，对应 4 个通道 CH1~4，我们使用的是 CH4。TIM3_CCR4 的各位描述如图 4-5 所示。

31	30	29	28	27	26	25	24	23	22	21	20	19	18	17	16
CCR4[31:16](depending on timers)															
rw	rw	rw	rw	rw	rw	rw	rw	rw	rw	rw	rw	rw	rw	rw	rw

15	14	13	12	11	10	9	8	7	6	5	4	3	2	1	0
CCR4[15:0]															
rw	rw	rw	rw	rw	rw	rw	rw	rw	rw	rw	rw	rw	rw	rw	rw

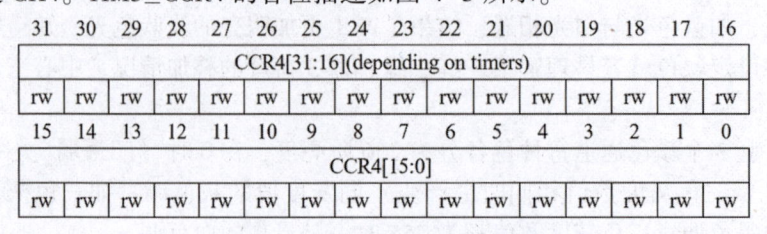

图 4-5　TIM3_CCR4 的各位描述

CCR4[31:16]为捕获/比较 4 的高 16 位(对于 TIM2 和 TIM5)，CCR4[15:0]为捕获/比较 4 的低 16 位。

①如果 CCR4 通道配置为输出(CC4S 位),则 CCR4 为要装载到实际捕获/比较 4 寄存器的值(预装载值)。如果没有通过 TIMx_CCMR1/2 寄存器中的 OC4PE 位,使能预装载功能写入的数值会被直接传输至当前寄存器中。否则只有发生更新事件时,预装载值才会复制到活动捕获/比较 4 寄存器中。实际捕获/比较寄存器中包含要与计数器 TIMx_CNT 进行比较并在OC4 输出上发出信号的值。

②如果 CCR4 通道配置为输入(TIMx_CCMR1/2 寄存器中的 CC4S 位),则 CCR4 为上一个输入捕获 4 事件(IC4)发生时的计数器值。

在输出模式下,该寄存器的值与 CNT 的值比较,根据比较结果产生相应动作。利用这一点,我们通过修改这个寄存器的值,就可以控制 PWM 的输出脉宽了。

1)PWM 引脚初始化函数

PWM 引脚初始化函数示例代码如下。

```
void HAL_TIM_PWM_MspInit(TIM_HandleTypeDef*htim)
{
    GPIO_InitTypeDef GPIO_Initure;
    _HAL_RCC_TIM3_CLK_ENABLE();                 //使能定时器 3
    _HAL_RCC_GPIOB_CLK_ENABLE();                //开启 GPIOB 时钟
    GPIO_Initure.Pin=GPIO_PIN_1;                //PB1
    GPIO_Initure.Mode=GPIO_MODE_AF_PP;          //复用推挽输出
    GPIO_Initure.Pull=GPIO_PULLUP;              //上拉
    GPIO_Initure.Speed=GPIO_SPEED_HIGH;         //高速
    GPIO_Initure.Alternate= GPIO_AF2_TIM3;      //PB1 复用为 TIM3_CH4
    HAL_GPIO_Init(GPIOB,&GPIO_Initure);
}
```

2)定时器 3 复用 PWM 功能函数

定时器 3 复用 PWM 功能函数示例代码如下。

```
void TIM3_PWM_Init(u16 arr,u16 psc)
{
    TIM3_Handler.Instance=TIM3;                             //定时器 3
    TIM3_Handler.Init.Prescaler=psc;                        //定时器分频
    TIM3_Handler.Init.CounterMode=TIM_COUNTERMODE_UP;       //向上计数模式
    TIM3_Handler.Init.Period=arr;                           //自动重装载值
    TIM3_Handler.Init.ClockDivision=TIM_CLOCKDIVISION_DIV1;
    HAL_TIM_PWM_Init(&TIM3_Handler);                        //初始化 PWM
    TIM3_CH4Handler.OCMode=TIM_OCMODE_PWM1;                 //模式选择 PWM1
    TIM3_CH4Handler.Pulse=arr/2;                            //设置比较值,此值用来确定占空比,
                                                            //默认比较值为自动重装载值的一
                                                            //半,即占空比为 50%
    TIM3_CH4Handler.OCPolarity=TIM_OCPOLARITY_LOW;          //输出比较极性为低
```

```
        HAL_TIM_PWM_ConfigChannel(&TIM3_Handler,&TIM3_CH4Handler,TIM_CHANNEL_4);
                                          //配置 TIM3 通道 4
        HAL_TIM_PWM_Start(&TIM3_Handler,TIM_CHANNEL_4);
                                          //开启 PWM 通道 4
}
```

3.3.3 定时器输入捕获逻辑介绍

定时器输入捕获逻辑示例代码如下。

```
void InitConfig(void)
{
    HAL_Init();                        //初始化 HAL 库
    Stm32_Clock_Init(336,12,2,8);      //设置时钟,168 MHz
    delay_init(168);                   //初始化延时函数
    LED_Init();                        //初始化 LED
    key_init();                        //按键初始化
}
int main(void)
{
    u8 dir=1;
    u16 led0pwmval=0;
    HAL_Init();                        //初始化 HAL 库
    Stm32_Clock_Init(360,25,2,8);      //设置时钟,180 MHz
    delay_init(180);                   //初始化延时函数
    UART4_Init(115200);                //初始化 USART
    LED_Init();                        //初始化 LED
    TIM3_PWM_Init(500-1,90-1);         //90 MHz/90=1 MHz 的计数频率,自动重装载值为 500,
                                       //那么 PWM 频率为 1 MHz/500=2 kHz
    while(1)
    {
        delay_ms(5);
        if(dir)led0pwmval+=3;          //dir==1 led0pwmval 递增
        else led0pwmval-=3;            //dir==0 led0pwmval 递减
        if(led0pwmval>500)dir=0;       //led0pwmval 到达 300 后,方向为递减
        if(led0pwmval==0)dir=1;        //led0pwmval 递减到 0 后,方向改为递增
        TIM_SetTIM3Compare4(led0pwmval); //修改比较值,修改占空比
    }
}
```

上述代码首先初始化时钟、延时和定时器,之后进入主函数,通过改变变量 led0pwmval 的值进而改变输入/输出通道里面的 TIM3_CCR1 的值,即改变 PWM 比较值来控制 LED 的亮度。

3.4 代码流程

PWM 输出实验代码流程如图 4-6 所示。

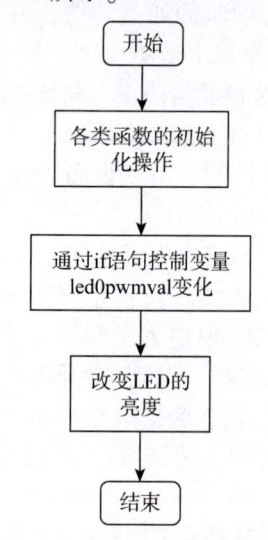

```
开始
  ↓
各类函数的初始
化操作
  ↓
通过 if 语句控制变量
led0pwmval 变化
  ↓
改变 LED 的
亮度
  ↓
结束
```

图 4-6　PWM 输出实验代码流程

实验三　SPI 通信实验

1. 实验目标

（1）掌握 STM32F429 的 SPI 功能。
（2）学会使用陀螺仪模块。

2. 开发环境

（1）硬件：STM32F429 主控制器、CH340 模块。
（2）软件：Windows 7/10、MDK 集成开发环境、XCOM 串口调试助手。

3. 实验内容

3.1　所用器件

本实验所用器件包括板载的 MPU6500 模块、SPI 数据总线。

3.2　工作原理

由 SPI 总线获取 MPU6500 数据，再由串口将数据传送给 PC 端的 CH340 串口调试助手，在 PC 端显示。

3.3　软件设计

SPI 是 Serial Peripheral Interface 的缩写，即串行外围设备接口，是 Motorola 首先在其

MC68HCXX系列处理器上定义的。SPI主要应用于EEPROM（电擦除可编程只读存储器）、Flash、实时时钟、ADC（模拟数字转换器）转换器，还有数字信号处理器和数字信号解码器之间。SPI是一种高速的、全双工、同步的通信总线，并且在芯片的引脚上只占用4根线，节约了芯片的引脚，同时在PCB的布局上节省空间，提供方便，正是出于这种简单易用的特性，现在越来越多的芯片集成了这种通信协议，STM32F429也有SPI。

SPI一般使用4条线通信：MISO主设备数据输入，从设备数据输出；MOSI主设备数据输出，从设备数据输入；SCLK时钟信号，由主设备产生；CS从设备片选信号，由主设备控制。

SPI主要特点有：可以同时发出和接收串行数据；可以当作主机或从机工作；提供频率可编程时钟；发送结束中断标志；写冲突保护；总线竞争保护等。

SPI总线的4种工作模式下的SPI模块为了和外设进行数据交换，根据外设工作要求，其输出串行同步时钟极性和相位可以进行配置，时钟极性（CPOL）对传输协议没有重大的影响。如果CPOL=0，SPI总线的空闲状态为低电平；如果CPOL=1，SPI总线的空闲状态为高电平。时钟相位（CPHA）能够配置用于选择两种不同的传输协议之一进行数据传输。如果CPHA=0，在串行同步时钟的第一个跳变沿（上升沿或下降沿）数据被采样；如果CPHA=1，在串行同步时钟的第二个跳变沿（上升沿或下降沿）数据被采样。SPI主模块和与之通信的外设时钟相位和极性应该一致。

1）SPI初始化介绍

我们要用SPI4，就要使能SPI4的时钟和响应引脚时钟，并且要设置SPI4的相关引脚为复用输出，这样我们就可以进行SPI4通信了。这里我们使用PE12、PE13、PE14等3个引脚（SCLK、MISO、MOSI），设置这3个引脚为复用IO，CS使用软件管理方式。

2）代码介绍

（1）引脚初始化函数示例代码如下。

```c
void HAL_SPI_MspInit(SPI_HandleTypeDef*hspi)
{
    GPIO_InitTypeDef    GPIO_Initure;
    _HAL_RCC_GPIOE_CLK ENABLE();
    _HAL_RCC_SPI4_CLK_ENABLE();
    GPIO_Initure.Pin=GPIO_PIN_12|GPIO_PIN_13|GPIO_PIN_14;
    GPIO_Initure.Mode=GPIO_MODE_AF_PP;
    GPIO_Initure.Pull=GPIO_NOPULL;
    GPIO_Initure.Speed=GPIO_SPEED_FREQ_VERY_HIGH;
    GPIO_Initure.Alternate=GPIO_AF5_SPI4;
    HAL_GPIO_Init(GPIOE,&GPIO_Initure);
    GPIO_Initure.Pin=GPIO_PIN_11;
    GPIO_Initure.Mode=GPIO_MODE_OUTPUT_PP;
    GPIO_Initure.Pull=GPIO_NOPULL;
    GPIO_Initure.Speed=GPIO_SPEED_FREQ_VERY_HIGH;
    HAL_GPIO_Init(GPIOE,&GPIO_Initure);
}
```

（2）初始化 SPI。

这一步全部通过 SPI4_CR1 来设置，我们设置 SPI4 为主机模式，设置数据格式为 8 位，然后通过 CPOL 和 CPHA 位来设置 SCK 时钟极性及采样方式，并设置 SPI4 的时钟频率（最大 45 MHz），以及数据的格式（MSB 在前还是 LSB 在前）。在 HAL 库中初始化 SPI 的函数为：

HAL_StatusTypeDef HAL_SPI_Init(SPI_HandleTypeDef*hspi);   //使能 SPI1

下面通过 SPI4_CR1 的 bit6 来设置，以启动 SPI4，在启动之后，就可以开始 SPI 通信了。使能 SPI4 的函数为：

_HAL_SPI_ENABLE(&SPI4_Handler);   //使能 SPI4

通信接口需要有发送数据和接收数据的函数，HAL 库提供的发送数据函数原型为：

HAL_StatusTypeDef HAL_SPI_Transmit (SPI_HandleTypeDef * hspi, uint8_t * pData,   uint16_t Size, uint32_t Timeout);

这个函数是往 SPIx 数据寄存器写入数据，从而实现发送。

HAL 库提供的接收数据函数原型为：

HAL_StatusTypeDef HAL_SPI_Receive(SPI_HandleTypeDef*hspi, uint8_t*pData, uint16_t Size, uint32_t Timeout);

即从 SPIx 数据寄存器读出接收到的数据为：

```
void SPI4_Init(void)
{
    SPI4_Handler.Instance=SPI4;
    SPI4_Handler.Init.Mode=SPI_MODE_MASTER;
    SPI4_Handler.Init.Direction=SPI_DIRECTION_2LINES;
    SPI4_Handler.Init.DataSize=SPI_DATASIZE_8BIT;
    SPI4_Handler.Init.CLKPolarity=SPI_POLARITY_LOW;
    SPI4_Handler.Init.CLKPhase=SPI_PHASE_1EDGE;
    SPI4_Handler.Init.NSS=SPI_NSS_SOFT;
    SPI4_Handler.Init.BaudRatePrescaler=SPI_BAUDRATEPRESCALER_128;
    SPI4_Handler.Init.FirstBit=SPI_FIRSTBIT_MSB;
    SPI4_Handler.Init.TIMode=SPI_TIMODE_DISABLE;
    SPI4_Handler.Init.CRCCalculation=SPI_CRCCALCULATION_DISABLE;
    SPI4_Handler.Init.CRCPolynomial=10;
    HAL_SPI_Init(&SPI4_Handler);
    _HAL_SPI_ENABLE(&SPI4_Handler);
}
```

3）MPU6500 介绍

本实验中要求使用 MPU6500 模块的获取陀螺仪数据的函数。

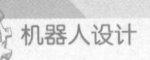

(1) 获取陀螺仪数据的函数示例代码如下。

```c
void mpu_get_data(void)
{
    mpu_read_bytes(MPU6500_ACCEL_XOUT_H, mpu_buff, 14);     //读取寄存器存储数据
//加速度数据
    mpu_data.ax = mpu_buff[0] << 8 | mpu_buff[1];
    mpu_data.ay = mpu_buff[2] << 8 | mpu_buff[3];
    mpu_data.az = mpu_buff[4] << 8 | mpu_buff[5];
                                                            //温度
    mpu_data.temp = mpu_buff[6] << 8 | mpu_buff[7];
                                                            //陀螺仪数据
    mpu_data.gx = ((mpu_buff[8] << 8 | mpu_buff[9]) - mpu_data.gx_offset);
    mpu_data.gy = ((mpu_buff[10] << 8 | mpu_buff[11]) - mpu_data.gy_offset);
    mpu_data.gz = ((mpu_buff[12] << 8 | mpu_buff[13]) - mpu_data.gz_offset);
    memcpy(&imu.ax, &mpu_data.ax, 6*sizeof(int16_t));       //温度转换
    imu.temp = 21 + mpu_data.temp / 333.87f;
    imu.wx = mpu_data.gx / 16.384f / 57.3f;
    imu.wy = mpu_data.gy / 16.384f / 57.3f;
    imu.wz = mpu_data.gz/ 16.384f;
    if(abs(imu.wz)<0.3f)
    {
        imu.wz=0.0f;
    }
}
```

(2) 主函数是由串口输出陀螺仪数据，在此之前需要初始化 SPI。示例代码如下。

```c
int main(void)
{
    int pit_attitude, rol_attitude;
    InitConfig();
    while(1)
    {
        mpu_get_data();                 //获取陀螺仪数据
        imu_ahrs_update();              //更新航姿参考
        imu_attitude_update();          //姿态解算
        pit_attitude = abs((int)imu.pit);   //水平仪精度位 1°,pit 轴的角度
        rol_attitude = abs((int)imu.rol);   //水平仪精度位 1°,rol 轴的角度
        display_level = 100*pit_attitude + rol_attitude;
        printf("陀螺仪数据= ");
```

```
            printf("% d\r\n",display_level);
            LED_GREEN_TOGGLE;
    }
}
```

3.4 代码流程

SPI 通信实验代码流程如图 4-7 所示。

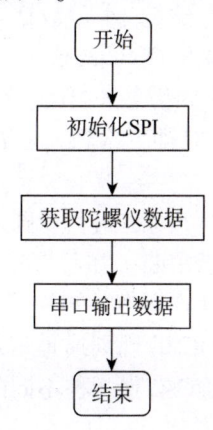

图 4-7　SPI 通信实验代码流程

实验四　内部温度传感器实验

1. 实验目标

（1）熟悉定时器的工作原理及相关寄存器的功用。
（2）掌握使用 STM32F429 定时器的输入捕获功能。

2. 开发环境

（1）硬件：STM32F429 主控制器。
（2）软件：Windows 7/10、MDK 集成开发环境。

3. 实验内容

3.1　所用器件

本实验所用器件包括 STM32F429 主控制器和开发板上面自带的 ADC 模块。

3.2　工作原理

本实验使用 STM32F429 中自带的内部温度传感器，通过读取温度函数得到具体的温度数值，之后通过串口 4 打印到串口输出助手中。

3.3 软件设计

3.3.1 内部温度传感器原理介绍

温度传感器的数值需要经过 ADC 模块通过数模转换之后输出。STM32F429xx 系列有 3 个 ADC，这些 ADC 可以独立使用，也可以使用双重/三重模式(提高采样率)。STM32F429 的 ADC 是 12 位逐次逼近型的 ADC。它有 19 个通道，可测量 16 个外部源、2 个内部源和 VBAT 通道的信号。这些通道的 A/D 转换可以以单次、连续、扫描或间断模式执行。ADC 的结果可以以左对齐或右对齐的方式存储在 16 位数据寄存器中。模拟看门狗特性，允许应用程序检测输入电压是否超出用户定义的高/低阈值。

STM32F429 的 ADC 最大的转换速率为 2.4 MHz，也就是转换时间为 0.41 μs(在 ADC-CLK = 36 MHz，采样周期为 3 个 ADC 时钟下得到)，ADC 的时钟不得超过 36 MHz，否则将导致结果准确度下降。

STM32F429 将 ADC 的转换分为 2 个通道组：规则通道组和注入通道组。规则通道相当于正常运行的程序，而注入通道相当于中断。在程序正常执行的时候，中断可以打断执行。以此类推，注入通道的转换可以打断规则通道的转换，在注入通道被转换完成之后，规则通道才得以继续转换。STM32F429 其 ADC 的规则通道组最多包含 16 个转换，而注入通道组最多包含 4 个通道。STM32F429 的 ADC 有很多种不同的转换模式，在此仅介绍通道的单次转换模式。

STM32F429 的 ADC 在单次转换模式下，只执行一次转换，该模式可以通过 ADC_CR2 寄存器的 ADON 位(只适用于规则通道)启动，也可以通过外部触发启动(适用于规则通道和注入通道)，这时 CONT 位为 0。

以规则通道为例，一旦所选择的通道转换完成，转换结果将被存在 ADC_DR 寄存器中，EOC(转换结束)标志将被置位，如果设置了 EOCIE，则会产生中断。然后 ADC 将停止，直到下次启动。

3.3.2 ADC 逻辑介绍

执行规则通道的单次转换需要用到的 ADC 寄存器说明如下。

(1) ADC 控制寄存器(ADC_CR1 和 ADC_CR2)。

①ADC_CR1 的各位描述如图 4-8 所示。ADC_CR1 的 SCAN 位用于设置扫描模式，由软件设置和清除，如果设置为 1，则使用扫描模式，如果设置为 0，则关闭扫描模式。在扫描模式下，由 ADC_SQRx 或 ADC_JSQRx 寄存器选中的通道被转换。如果设置了 EOCIE 或 JEOCIE，则只在最后一个通道转换完毕后才会产生 EOC 或 JEOC 中断。

31	30	29	28	27	26	25	24	23	22	21	20	19	18	17	16
\multicolumn{5}{c}{Reserved}	OVRIE	RES		AWDEN	JAWDEN	\multicolumn{6}{c}{Reserved}
					rw	rw	rw	rw	rw						
15	14	13	12	11	10	9	8	7	6	5	4	3	2	1	0
DISCNUM[2:0]			JDISCEN	DISC EN	JAUTO	AWDSGL	SCAN	JEOCIE	AWDIE	EOCIE	\multicolumn{5}{c}{AWDCH[4:0]}
rw	rw	rw	rw	rw	rw	rw	rw	rw	rw	rw	rw	rw	rw	rw	rw

图 4-8 ADC_CR1 的各位描述

②ADC_CR2 的各位描述如图 4-9 所示。ADON 位用于开关 ADC。而 CONT 位用于设置

是否进行连续转换,我们使用单次转换,所以 CONT 位必须为 0。ALIGN 位用于设置数据对齐,若使用右对齐,则该位设置为 0。

31	30	29	28	27	26	25	24	23	22	21	20	19	18	17	16
Res.	SWSTART	EXTEN		EXTSEL[3:0]				Res.	JSWSTART	JEXTEN		JEXTSEL[3:0]			
	rw	rw	rw	rw	rw	rw	rw		rw	rw	rw	rw	rw	rw	rw

15	14	13	12	11	10	9	8	7	6	5	4	3	2	1	0
Reserved				ALIGN	EOCS	DDS	DMA	Reserved						CONT	ADON
				rw	rw	rw	rw							rw	rw

图 4-9　ADC_CR2 的各位描述

(2) ADC 通用控制寄存器(ADC_CCR),该寄存器的各位描述如图 4-10 所示。

31	30	29	28	27	26	25	24	23	22	21	20	19	18	17	16
Reserved								TSVREFE	VBATE	Reserved				ADCPRE	
								rw	rw					rw	rw

15	14	13	12	11	10	9	8	7	6	5	4	3	2	1	0
DMA[1:0]		DDS	Res.	DELAY[3:0]				Reserved				MULTI[4:0]			
rw	rw	rw		rw	rw	rw	rw					rw	rw	rw	rw

图 4-10　ADC_CCR 的各位描述

TSVREFE 位是内部温度传感器和 Vrefint 通道使能位,内部温度传感器我们将在下面介绍,这里我们直接设置为 0。ADCPRE 用于设置 ADC 输入时钟分频,00、01、10、11 分别对应 2、4、6、8 分频,STM32F429 的 ADC 最大工作频率是 36 MHz,而 ADC 时钟(ADC-CLK)来自 APB2,APB2 频率一般是 90 MHz,我们设置 ADCPRE=01,即 4 分频,这样得到 ADCCLK 频率为 22.5 MHz。

(3) ADC 采样时间寄存器(ADC_SMPR1 和 ADC_SMPR2),这两个寄存器用于设置通道 0~18 的采样时间,每个通道占用 3 个位。

① ADC_SMPR1 的各位描述如图 4-11 所示。寄存器中位 31:27 保留,必须保持复位值。位 26:0 即 SMPx[2:0] 是通道 x 采样时间选择位,通过软件写入这些位可分别为各个通道选择采样时间。在采样周期期间,通道选择位必须保持不变。

31	30	29	28	27	26	25	24	23	22	21	20	19	18	17	16
Reserved					SMP18[2:0]			SMP17[2:0]			SMP16[2:0]			SMP15[2:1]	
					rw	rw	rw	rw	rw	rw	rw	rw	rw	rw	rw

15	14	13	12	11	10	9	8	7	6	5	4	3	2	1	0
SMP15_0	SMP14[2:0]			SMP13[2:0]			SMP12[2:0]			SMP11[2:0]			SMP10[2:0]		
rw	rw	rw	rw	rw	rw	rw	rw	rw	rw	rw	rw	rw	rw	rw	rw

图 4-11　ADC_SMPR1 的各位描述

注意:000 对应 3 个周期;100 对应 84 个周期;001 对应 15 个周期;101 对应 112 个周期;010 对应 28 个周期;110 对应 144 个周期;011 对应 56 个周期;111 对应 480 个周期。

②ADC_SMPR2 的各位描述如图 4-12 所示。寄存器中位 31:30 保留，必须保持复位值。位 29:0 即 SMPx[2:0]是通道 x 采样时间选择位，通过软件写入这些位可分别为各个通道选择采样时间。在采样周期期间，通道选择位必须保持不变。

31	30	29	28	27	26	25	24	23	22	21	20	19	18	17	16
Reserved		SMP9[2:0]			SMP8[2:0]			SMP7[2:0]			SMP6[2:0]			SMP5[2:1]	
		rw	rw	rw	rw	rw	rw	rw	rw	rw	rw	rw	rw	rw	rw
15	14	13	12	11	10	9	8	7	6	5	4	3	2	1	0
SMP5_0	SMP4[2:0]			SMP3[2:0]			SMP2[2:0]			SMP1[2:0]			SMP0[2:0]		
rw	rw	rw	rw	rw	rw	rw	rw	rw	rw	rw	rw	rw	rw	rw	rw

图 4-12 ADC_SMPR2 的各位描述

注意：000 对应 3 个周期；100 对应 84 个周期；001 对应 15 个周期；101 对应 112 个周期；010 对应 28 个周期；110 对应 144 个周期；011 对应 56 个周期；111 对应 480 个周期。

对于每个要转换的通道，采样时间建议尽量长一点，以获得较高的准确度，但是这样会降低 ADC 的转换速率。ADC 的转换时间可以由以下公式计算：

$$T_{covn} = 采样时间 + 12 个周期$$

式中：T_{covn} 为总转换时间，采样时间根据每个通道的 SMP 位的设置来决定。例如，当 ADCCLK = 22.5 MHz 的时候，并设置 3 个周期的采样时间，则得到 $T_{covn} = 3 + 12 = 15$ 个周期 = 0.67 μs。

（4）ADC 规则序列寄存器(ADC_SQR1~3)，该寄存器总共有 3 个，这几个寄存器的功能都差不多，这里仅介绍 ADC_SQR1。

ADC_SQR1 的各位描述如图 4-13 所示。寄存器中位 31:24 保留，必须保持复位值。位 23:20 即 L[3:0]是规则通道序列长度位，通过软件写入这些位可定文规则通道转换序列中的转换总数。

31	30	29	28	27	26	25	24	23	22	21	20	19	18	17	16
Reserved								L[3:0]				SQ16[4:1]			
								rw	rw	rw	rw	rw	rw	rw	rw
15	14	13	12	11	10	9	8	7	6	5	4	3	2	1	0
SQ16_0	SQ15[4:0]					SQ14[4:0]					SQ13[4:0]				
rw	rw	rw	rw	rw	rw	rw	rw	rw	rw	rw	rw	rw	rw	rw	rw

图 4-13 ADC_SQR1 的各位描述

注意：0000 对应 1 次转换，0001 对应 2 次转换，……，1111 对应 16 次转换。

位 19:15 即 SQ16[4:0]表示规则序列中的第 16 次转换，通过软件写入这些位，并将通道编号(0~18)分配为转换序列中的第 16 次转换；位 14:10 即 SQ15[4:0]表示规则序列中的第 15 次转换；位 9:5 即 SQ14[4:0]表示规则序列中的第 14 次转换；位 4:0 即 SQ13[4:0]表示规则序列中的第 13 次转换。

L[3:0]用于存储规则序列的长度，我们这里只用了 1 个，所以设置这几个位的值为 0。

其他的 SQ13~16 则存储了规则序列中第 13~16 个通道的编号(0~18)。需要说明的是：我们选择的是单次转换，所以只有一个通道在规则序列里面，这个序列就是 SQ1，至于 SQ1 里面哪个通道，完全由用户自己设置，通过 ADC_SQR3 的最低 5 位(也就是 SQ1)设置。

（5）ADC 规则数据寄存器(ADC_DR)。规则序列中的 A/D 转化结果都将被存在这个寄存器里面，而注入通道的转换结果被保存在 ADC_JDRx 里面。ADC_DR 的各位描述如图 4-14 所示。

31	30	29	28	27	26	25	24	23	22	21	20	19	18	17	16
Reserved															
15	14	13	12	11	10	9	8	7	6	5	4	3	2	1	0
DATA[15:0]															
r	r	r	r	r	r	r	r	r	r	r	r	r	r	r	r

图 4-14 ADC_DR 的各位描述

寄存器中位 31:16 保留，必须保持复位值。位 15:0 即 DATA[15:0]是规则数据位。这些位为只读，它们包括来自规则通道的转换结果，数据有左对齐和右对齐两种方式。

该寄存器的数据可以通过 ADC_CR2 的 ALIGN 位设置左对齐或右对齐，在读取数据的时候要注意。

（6）ADC 状态寄存器(ADC_SR)，该寄存器保存了 ADC 转换时的各种状态。ADC_SR 的各位描述如图 4-15 所示。

31	30	29	28	27	26	25	24	23	22	21	20	19	18	17	16
Reserved															
15	14	13	12	11	10	9	8	7	6	5	4	3	2	1	0
Reserved										OVR	STRT	JSTRT	JEOC	EOC	AWD
										re_w0	re_w0	re_w0	re_w0	re_w0	re_w0

图 4-15 ADC_SR 的各位描述

这里仅介绍将要用到的 EOC 位，通过判断该位来确定此次规则通道的转换是否已经完成，如果该位为 1，则表示转换完成了，就可以从 ADC_DR 中读取转换结果，否则等待转换完成。

下面为 MDK 里面具体的 HAL 函数配置。

（1）ADC 初始化函数示例代码如下。

```
//初始化 ADC
//ch:ADC_channels
//通道值 0~16 取值范围为:ADC_CHANNEL_0~ADC_CHANNEL_16
void MY_ADC_Init(void)
{
```

```c
    ADC1_Handler.Instance=ADC1;
    ADC1_Handler.Init.ClockPrescaler=ADC_CLOCK_SYNC_PCLK_DIV4;
        //4分频,ADCCLK=PCLK2/4=90/4 MHz=22.5 MHz
    ADC1_Handler.Init.Resolution=ADC_RESOLUTION_12B;            //12位模式
    ADC1_Handler.Init.DataAlign=ADC_DATAALIGN_RIGHT;            //右对齐
    ADC1_Handler.Init.ScanConvMode=DISABLE;                     //非扫描模式
    ADC1_Handler.Init.EOCSelection=DISABLE;                     //关闭EOC中断
    ADC1_Handler.Init.ContinuousConvMode=DISABLE;               //关闭连续转换
    ADC1_Handler.Init.NbrOfConversion=1;                        //1个转换在规则序列中,也就
                                                                //是只转换规则序列1
    ADC1_Handler.Init.DiscontinuousConvMode=DISABLE;            //禁止不连续采样模式
    ADC1_Handler.Init.NbrOfDiscConversion=0;                    //不连续采样通道数为0
    ADC1_Handler.Init.ExternalTrigConv=ADC_SOFTWARE_START;      //软件触发
    ADC1_Handler.Init.ExternalTrigConvEdge=ADC_EXTERNALTRIGCONVEDGE_NONE;
                                                                //使用软件触发
    ADC1_Handler.Init.DMAContinuousRequests=DISABLE;            //关闭DMA请求
    HAL_ADC_Init(&ADC1_Handler);                                //初始化
}
```

(2) ADC底层配置函数示例代码如下。

```c
void HAL_ADC_MspInit(ADC_HandleTypeDef*hadc)
{
    GPIO_InitTypeDef GPIO_Initure;
    _HAL_RCC_ADC1_CLK_ENABLE();                 //使能ADC1时钟
    _HAL_RCC_GPIOA_CLK_ENABLE();                //开启GPIO时钟
    GPIO_Initure.Pin=GPIO_PIN_5;                //PA5
    GPIO_Initure.Mode=GPIO_MODE_ANALOG;         //模拟
    GPIO_Initure.Pull=GPIO_NOPULL;              //不带上下拉
    HAL_GPIO_Init(GPIOA,&GPIO_Initure);
}
```

(3) 获取ADC值的函数示例代码如下。

```c
u16 Get_Adc(u32 ch)
{
    ADC_ChannelConfTypeDef ADC1_ChanConf;
    ADC1_ChanConf.Channel=ch;                                       //通道
    ADC1_ChanConf.Rank=1;                                           //1个序列
    ADC1_ChanConf.SamplingTime=ADC_SAMPLETIME_480CYCLES;            //采样时间
    ADC1_ChanConf.Offset=0;
    HAL_ADC_ConfigChannel(&ADC1_Handler,&ADC1_ChanConf);            //通道配置
```

```
        HAL_ADC_Start(&ADC1_Handler);                          //开启 ADC
        HAL_ADC_PollForConversion(&ADC1_Handler,10);           //轮询转换
            return (u16)HAL_ADC_GetValue(&ADC1_Handler);       //返回最近一次 ADC1 规则
                                                               //的转换结果
}
```

（4）获取指定通道的转换值，取 times 次，然后取平均数，之后转换成温度值。示例代码如下。

```
u16 Get_Adc_Average(u32 ch,u8 times)
{
    u32 temp_val=0;
    u8 t;
    for(t=0;t<times;t++)
    {
        temp_val+=Get_Adc(ch);
        delay_ms(5);
    }
    return temp_val/times;
}
//得到温度值
//返回值：温度值(扩大了 100 倍,单位:℃)
short Get_Temprate(void)
{
    u32 adcx;
    short result;
    double temperate;
    adcx=Get_Adc_Average(ADC_CHANNEL_TEMPSENSOR,10);   //读取内部温度传感器通道,
                                                      //10 次取平均
    temperate=(float)adcx*(3.3/4096);                 //电压值
    temperate=(temperate-0.76)/0.0025 + 25;           //转换为温度值
    result=temperate*=100;                            //扩大 100 倍
    return result;
}
```

3.3.3 内部温度传感器逻辑介绍

主函数先进行时钟、串口、LED、ADC 初始化，之后通过 ADC 处理数据后转换为具体温度值，通过串口 4 打印到串口输出助手上面。示例代码如下。

```
int main(void)
{
    short temp;
```

```c
HAL_Init();                        //初始化 HAL 库
Stm32_Clock_Init(360,25,2,8);      //设置时钟,180 MHz
delay_init(180);                   //初始化延时函数
UART4_Init(115200);                //初始化 USART
LED_Init();                        //初始化 LED
key_init();                        //初始化按键
MY_ADC_Init();                     //初始化 ADC1
while(1)
{
    temp=Get_Temprate();           //得到温度值
    if(temp<0)
    {
        temp=-temp;
    }else temp=temp;
    printf("% d.% d°C\r\n",temp/100,temp% 100);
    LED0=!LED0;
    delay_ms(250);
}
```

3.4 代码流程

内部温度传感器实验代码流程如图 4-16 所示。

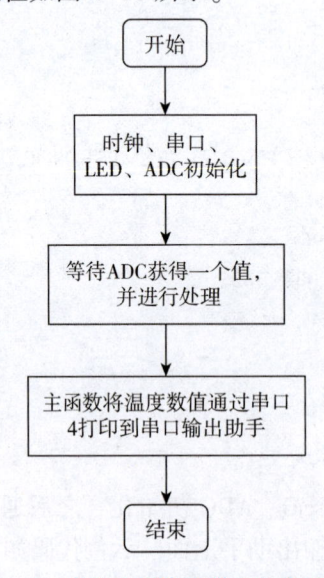

图 4-16 内部温度传感器实验代码流程

实验五　电动机驱动实验

1. 实验目标

（1）锻炼动手接线能力。
（2）掌握 STM32F429 使用 PWM 驱动电动机的方法。

2. 开发环境

（1）硬件：STM32F429 主控制器、扩展板、电动机驱动模块。
（2）软件：Windows 7/10、MDK 集成开发环境。

3. 实验内容

3.1　所用器件及接线说明

本实验所用器件包括编码器电动机、电动机驱动模块。器件具体工作原理见第 2 章，接线说明如表 4-3 和表 4-4 所示。

表 4-3　扩展板、电动机驱动模块接线说明

扩展板	电动机驱动模块 1	备注
GND	GND	
12 V	VM	
PF1	AIN2	
PF3	AIN1	
PF5	STBY	
PF7	PulA	11PIN 杜邦线
PF9	PulB	
PC0	BIN1	
PC2	BIN2	
PA0	PWMA	
PA2	PWMB	

表 4-4　电动机、电动机驱动模块接线说明

电动机驱动模块 2	电动机	备注
插座（含 BO1、BO2）	电动机 4	PH 2.0 mm 6PIN 专用线

3.2　工作原理

实物接完线后，开启电源开关，可以看到电动机分别顺时针、逆时针进行摇摆。

3.3 软件设计

3.3.1 编码器电动机控制逻辑

编码器电动机电源电压的大小决定电动机的转速,电压的正负决定电动机的转向。单片机通过电动机驱动芯片可以用 PWM 接口控制电动机的电压来达到控制电动机转速的目的,通过 IO 口控制电动机的转向。

1)电动机驱动芯片端口介绍

编码器电动机的驱动芯片型号为 TB6612,该芯片可以同时驱动两个电动机。

驱动芯片的 STBY 口接单片机的 IO 口,置 0 电动机全部停止,置 1 则通过 AIN1、AIN2、BIN1、BIN2 来控制正反转。VM 接 15 V 以内电源;VCC 接 2.1~5 V 电源;GND 接地。

驱动 1 路:PWMA 接单片机的 PWM 口;AIN1、AIN2 用于控制电动机正反转,真值表如表 4-5 所示;AO1、AO2 接电动机 1 的两个引脚。驱动 2 路接法与驱动 1 路相同。

表 4-5 真值表

AIN1	0	0	1
AIN2	0	1	0
效果	停止	正转	反转

2)代码介绍

PWM 是利用微处理器的数字输出来对模拟电路进行控制的一种非常有效的技术。开发板所用单片机是通过定时器来实现 PWM 输出的。引脚初始化及复用功能代码如下。

(1)引脚初始化函数示例代码如下。

```
//电动机 PWM 引脚初始化    PA0-PA3
if(htim->Instance==TIM2)
{
    _HAL_RCC_TIM2_CLK_ENABLE();
    _HAL_RCC_GPIOA_CLK_ENABLE();
    _HAL_RCC_GPIOC_CLK_ENABLE();
    _HAL_RCC_GPIOF_CLK_ENABLE();
    GPIO_Initure.Pin=GPIO_PIN_0|GPIO_PIN_1|GPIO_PIN_2|GPIO_PIN_3;
    GPIO_Initure.Mode=GPIO_MODE_AF_PP;
    GPIO_Initure.Pull=GPIO_PULLUP;
    GPIO_Initure.Speed=GPIO_SPEED_FREQ_VERY_HIGH;
    GPIO_Initure.Alternate=GPIO_AF1_TIM2;
    HAL_GPIO_Init(GPIOA,&GPIO_Initure);
//电动机方向控制引脚初始化
    GPIO_Initure.Pin = GPIO_PIN_0 | GPIO_PIN_1 | GPIO_PIN_2 | GPIO_PIN_3 | GPIO_PIN_4 | GPIO_PIN_5;
    GPIO_Initure.Mode=GPIO_MODE_OUTPUT_PP;
```

```
        GPIO_Initure.Pull=GPIO_PULLUP;
        GPIO_Initure.Speed=GPIO_SPEED_FREQ_VERY_HIGH;
        HAL_GPIO_Init(GPIOF,&GPIO_Initure);
        GPIO_Initure.Pin=GPIO_PIN_0|GPIO_PIN_1|GPIO_PIN_2|GPIO_PIN_3;
        GPIO_Initure.Mode=GPIO_MODE_OUTPUT_PP;
        GPIO_Initure.Pull=GPIO_PULLUP;
        GPIO_Initure.Speed=GPIO_SPEED_FREQ_VERY_HIGH;
        HAL_GPIO_Init(GPIOC,&GPIO_Initure);
    }
```

(2) 电动机控制函数。

套件所用电动机自带霍尔编码器,单圈可以产生 11 个脉冲,但电动机外集成有减速器。

底盘 4 个电动机控制逻辑相同,通过控制 STBY 引脚控制电动机停止或运动,通过控制 AIN1、AIN2(BIN1、BIN2)控制电动机的正反转,通过 PWM 控制电动机的转速。示例代码如下。

```
    void Motor_Speed_Set4(int Speed)                              //右前电动机
    {
        int Motor_PWM=0;
        Motor_PWM=Speed;
        if(Motor_PWM>0)                                           //控制电动机顺时针旋转
        {
            HAL_GPIO_WritePin(GPIOF, GPIO_PIN_5,GPIO_PIN_SET);
                //STBY 通过改变 PF1、PF3 引脚电平来改变电动机旋转方向
            HAL_GPIO_WritePin(GPIOF,GPIO_PIN_3,GPIO_PIN_SET);     //AIN1
            HAL_GPIO_WritePin(GPIOF,GPIO_PIN_1,GPIO_PIN_RESET);   //AIN2
            direction = 1;
        }
        else if(Motor_PWM<0)                                      //控制电动机逆时针旋转
        {
            HAL_GPIO_WritePin(GPIOF,GPIO_PIN_5,GPIO_PIN_SET);
            HAL_GPIO_WritePin(GPIOF,GPIO_PIN_3,GPIO_PIN_RESET);
            HAL_GPIO_WritePin(GPIOF,GPIO_PIN_1,GPIO_PIN_SET);
            direction = -1;
        }
        else
    {
        HAL_GPIO_WritePin(GPIOF,GPIO_PIN_5,GPIO_PIN_SET);
        HAL_GPIO_WritePin(GPIOF,GPIO_PIN_3,GPIO_PIN_RESET);
        HAL_GPIO_WritePin(GPIOF,GPIO_PIN_1,GPIO_PIN_RESET);
        direction = 0;
    }
    _HAL_TIM_SET_COMPARE(&htim2, TIM_CHANNEL_1, abs(Motor_PWM));
```

（3）执行函数。

执行函数使电动机执行旋转功能，示例代码如下。

```
void Motor_Poisition_Set(void)
{
    times++;
    int Motor_PWM=0;
    delay_ms(500);
    Motor_PWM=200;
    Motor_Speed_Set4(Motor_PWM);
    delay_ms(500);
    Motor_PWM=-200;
    Motor_Speed_Set4(Motor_PWM);
}
```

3.4 代码流程

电动机驱动实验代码流程如图4-17所示。

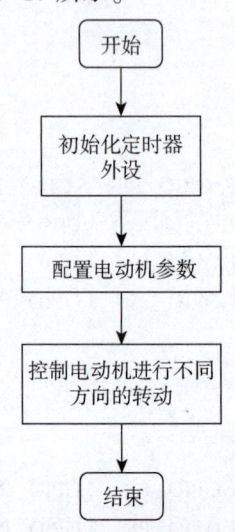

```
    开始
     │
     ▼
 初始化定时器
    外设
     │
     ▼
 配置电动机参数
     │
     ▼
 控制电动机进行不同
    方向的转动
     │
     ▼
    结束
```

图4-17 电动机驱动实验代码流程

实验六 编码器实验

1. 实验目标

（1）熟悉编码器的组成和原理。

（2）熟悉并掌握STM32定时器编码器模式的使用。

2. 开发环境

(1)硬件：STM32F429 主控制器、编码器电动机。

(2)软件：Windows 7/10、MDK 集成开发环境、XCOM 串口调试助手等。

3. 实验内容

3.1 所用器件及接线说明

本实验所用器件包括编码器电动机、电动机驱动模块和 CH340 串口模块，器件接线说明如表 4-6 所示。

表 4-6 器件接线说明

扩展板	电调引脚	备注
PA0(TIM2-CH1)	PWMA(电动机驱动模块)	11PIN 排线插口
PF3	AIN1(电动机驱动模块)	11PIN 排线插口
PF1	AIN2(电动机驱动模块)	11PIN 排线插口
PF5	STBY(电动机驱动模块)	11PIN 排线插口
2 V	VM(电动机驱动模块)	11PIN 排线插口
GND	GND(电动机驱动模块)	11PIN 排线插口
PF7	PulA(电动机驱动模块)	11PIN 排线插口
GND	GND(电动机驱动模块)	1PIN 杜邦线
5 V	VCC5(电动机驱动模块)	1PIN 杜邦线
	AO1	电动机电源 M1
	AO2	电动机电源 M2

3.2 工作原理

本实验利用 STM32 定时器编码器接口模式进行编程，编码器将捕获到的脉冲数不断累加，实现控制电动机在编码器计数到 1 000 时翻转旋转方向，当脉冲计数累加至 2 500 时，则归 0 重新计数，并通过串口打印捕获到的脉冲数。

3.3 软件设计

3.3.1 编码器工作原理介绍

首先，编码器是将信号或数据进行编制、转换为可用以通信、传输和存储的信号形式的设备，一般在电动机上加装编码器，用于测速。通俗地讲，编码器是一种将旋转位移转换成一串数字脉冲信号的旋转式传感器。

对于编码器的分类，其按照输出数据类型分为增量型编码器和绝对值型编码器两种。增量型编码器的原理是通过计算脉冲个数来反馈电动机的速度；而绝对值型编码器的原理是通过每个位置的高低电平判断其输出数值。绝对值型编码器，具有断电保护功能，一般用来测量位置和位移，如果用于测速，则在高转速的情况下，输出数据量过大，不便准确测量。

从编码器检测原理上来分，编码器还可以分为光学式、磁式、感应式、电容式。常见的是光电编码器(光学式)和霍尔编码器(磁式)。本实验所用的编码器为霍尔编码器，与减速电动机配合使用。霍尔编码器是一种通过磁电转换将输出轴上的机械几何位移量转换成脉冲数或数字量的传感器。霍尔编码器由霍尔码盘和霍尔元件组成。霍尔码盘在一定直径的圆板上等分地布置有不同的磁极。霍尔码盘与电动机同轴，电动机旋转时，霍尔元件检测输出若干脉冲信号。图 4-18 所示为编码器工作原理图。

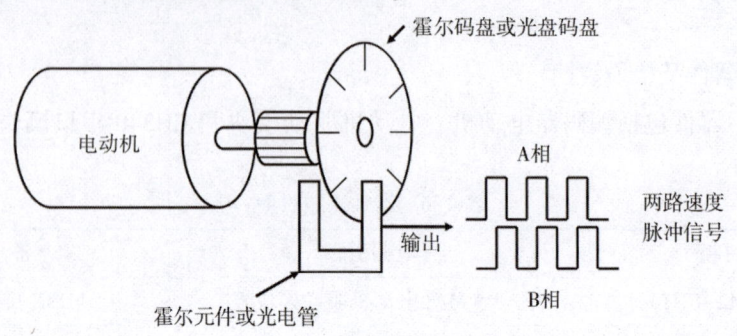

图 4-18 编码器工作原理图

编码器产生的脉冲信号输出给与之连接的计数器、PLC(可编程逻辑控制器)或计算机。PLC 和计算机连接的模块依开关频率不同，有低速模块和高速模块之分。不同的连接方式可以实现不同的功用：

(1)单相连接，用于单方向计数、单方向测速；

(2)当 A 和 B 两相连接时，主要用于正反向计数、判断正反向和测速；

(3)当 A、B 和 Z 三相连接，主要用于带参考位修正的位置测量；

(4)当 A、A⁻、B、B⁻、Z、Z⁻相连接时，由于带有对称负信号的连接，电流对于电缆贡献的电磁场为 0，衰减最小，抗干扰最佳，故其可用于远距离的传输。

综上，旋转编码器的 A、B、Z 分别是 A 相、B 相、Z 相，在编码器旋转的时候均会输出相应的脉冲，而且三相的脉冲是相互独立的，A、B、Z 都可以称为信号线。对于通用的编码器，A 相和 B 相的单圈脉冲量是相等的，Z 相为一圈一个脉冲。例如，当编码器计数到 1 000 个脉冲时，编码器轴转一圈，A、B 两通道各输出 1 000 个脉冲，Z 输出 1 个脉冲。

本次实验所用减速电动机型号为 JGA25-370，参数为 DC 12 V 400 r/min，编码器配有两个传感器。因为编码器输出的是标准的方波，所以我们可以使用单片机 STM32 直接读取计数，计数累加到一定数值后实现电动机转向的翻转。

3.3.2 编码器控制逻辑介绍

通过利用定时器的输入捕获功能来进行计数，把 TIM11 初始化为编码器接口模式，而选择编码器接口模式的方法如下。

如果计数器只在 TI2 边沿计数，则 TIMx_SMCR 寄存器中的 SMS=001；如果只在 TI1 边沿计数，则 SMS=010；如果计数器同时在 TI1 和 TI2 边沿计数，则 SMS=011。

通过设置 TIMx_CCER 寄存器中的 CC1P 和 CC2P 位，可以选择 TI1 和 TI2 极性；还可对输入滤波器编程。

两个输入 TI1 和 TI2 被用来作为增量编码器的接口，也就是编码器的 A 相和 B 相的脉冲信号的接口。

(1) 编码器接口模式初始化配置函数示例代码如下。

```c
void Encoder_Init(void)
{
    TIM_IC_InitTypeDef TIM11_CH1_Struct;
    TIM11_Handler.Instance=TIM11;
    TIM11_Handler.Init.Period=10000-1;                          //重装载值10 000
    TIM11_Handler.Init.Prescaler=84-1;                          //分频系数84
    TIM11_Handler.Init.CounterMode=TIM_COUNTERMODE_UP;          //向上计数模式
    TIM11_Handler.Init.ClockDivision=TIM_CLOCKDIVISION_DIV1;
    HAL_TIM_IC_Init(&TIM11_Handler);
    TIM11_CH1_Struct.ICPolarity=TIM_ICPOLARITY_RISING;          //上升沿捕获
    TIM11_CH1_Struct.ICPrescaler=TIM_ICPSC_DIV1;                //分频系数1
    TIM11_CH1_Struct.ICSelection=TIM_ICSELECTION_DIRECTTI;      //TI1映射到CH1
    TIM11_CH1_Struct.ICFilter=0xf;                              //滤波器为4
    HAL_TIM_IC_ConfigChannel(&TIM11_Handler,&TIM11_CH1_Struct,TIM_CHANNEL_1);
    HAL_TIM_IC_Start_IT(&TIM11_Handler,TIM_CHANNEL_1);          //开启捕获
}
```

(2) 定时器输入捕获中断函数,顺时针编码器计数增加,逆时针编码器计数减小,当捕获到的脉冲数达到2 500时,计数器置0。示例代码如下。

```c
void HAL_TIM_IC_CaptureCallback(TIM_HandleTypeDef*htim)//定时器输入捕获中断回调函数
{
    if(htim==&TIM11_Handler)                    //判断是否为定时器11的输入捕获
    {
        Rasing_Number+=direction;               //顺时针编码器计数增加,逆时针减小
        if (Rasing_Number%2500==0)              //设定计数器到2 500,置0
            Rasing_Number=0;
    }
}
```

(3) 电动机转动逻辑控制函数,当编码器计数不断累加,计数到1 000时,翻转电动机旋转方向。示例代码如下。

```c
void Motor_Poisition_Set(void)
{
    int Motor_PWM=0;
    int Target_Number=1000;
    Motor_PWM=10*abs(Target_Number-Rasing_Number);
    if(Rasing_Number<Target_Number)
    {
        Motor_PWM=Motor_PWM;
    }
    if(Rasing_Number>Target_Number)
```

```
        {
            Motor_PWM=-Motor_PWM;
        }
        Motor_Speed_Set4(Motor_PWM);
}
```

3.3.3 编码器模式逻辑代码

主函数首先初始化时钟、串口和编码器，然后设置 LED 每 100 ms 闪烁一次，最后通过定时器的输入捕获功能对脉冲数进行累计并通过串口打印出累计脉冲数。示例代码如下。

```
main(void)
{
    int i = 0;
    InitConfig();
    while(1)
    {
        delay_ms(100);
        if(i < 10)
            i++;
        else
        {
            i = 0;
            LED_GREEN_TOGGLE;
        }
        Motor_Poisition_Set();
        printf("TIM11 定时器编码器模式捕获脉冲=%d\r\n",Rasing_Number);
    }
}
```

3.4 代码流程

编码器实验代码流程如图 4-19 所示。

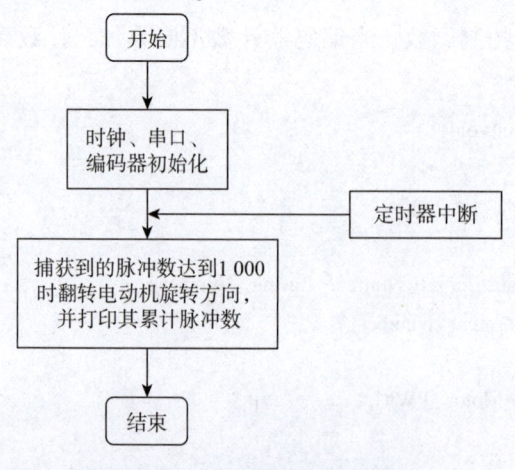

图 4-19　编码器实验代码流程

实验七 RGB 灯控实验

1. 实验目标

(1)熟悉 RGB 灯板的工作原理及相关寄存器的功用。
(2)掌握使用 STM32F429 定时器和 RGB 灯板功能。

2. 开发环境

(1)硬件:STM32F429 主控制器、RGB 灯板。
(2)软件:Windows 7/10、MDK 集成开发环境。

3. 实验内容

3.1 所用器件及接线说明

本实验所用器件包括 STM32F429 主控制器和 RGB 灯板,器件接线说明如表 4-7 所示。

表 4-7 器件接线说明

扩展板	外设	备注
5 V	RGB 灯板 VCC	4PIN 排针插口
GND	RGB 灯板 GND	4PIN 排针插口
PA6	RGB 灯板 DIN	4PIN 排针插口

3.2 工作原理

本实验利用定时器 3 通道 1 的 DMA(直接存储器访问)通信输出来控制 RGB 灯板的灯效。

3.3 软件设计

3.3.1 RGB 控制逻辑介绍

需要通过配置 TIM3 的通道 1 来对 RGB 灯进行输出,所以下面介绍定时器的寄存器配置。

(1)控制寄存器 1(TIMx_CR1),该寄存器的各位描述如图 4-20 所示。

15	14	13	12	11	10	9	8	7	6	5	4	3	2	1	0
			Reserved				CKD[1:0]		ARPE	CMS		DIR	OPM	URS	UDIS	CEN
							rw	rw	rw	rw	rw	rw	rw	rw	rw	rw

图 4-20 TIMx_CR1 的各位描述

寄存器中位 0 即 CEN 是计数器使能位,其中,0 对应禁止计数器,1 对应使能计数器。
注意:只有事先通过软件将 CEN 位置 1,才可以使用外部时钟、门控模式和编码器模式。而触发模式可以通过硬件自动将 CEN 位置 1。在单位脉冲模式下,当发生更新事件时会自动将 CEN 位清零。

在本实验中，我们只用到了 TIMx_CR1 的最低位，也就是计数器使能位，该位必须置 1，才能让定时器开始计数。

（2）中断使能寄存器（TIMx_DIER）。该寄存器是一个 16 位的寄存器，其各位描述如图 4-21 所示。

15	14	13	12	11	10	9	8	7	6	5	4	3	2	1	0
Res.	TDE	Res.	CC4DE	CC3DE	CC2DE	CC1DE	UDE	Res.	TIE	Res.	CC4IE	CC3IE	CC2IE	CC1IE	UIE
	rw		rw	rw	rw	rw	rw		rw		rw	rw	rw	rw	rw

图 4-21 TIMx_DIER 的各位描述

寄存器中位 0 即 UIE 是更新中断使能位，其中，0 对应禁止更新中断，1 对应使能更新中断。本实验用到了定时器的更新中断，所以该位要设置为 1，来允许由于更新事件所产生的中断。

（3）预分频寄存器（TIMx_PSC）。该寄存器用于对时钟进行分频，然后提供给计数器，作为计数器的时钟。TIMx_PSC 的各位描述如图 4-22 所示。

15	14	13	12	11	10	9	8	7	6	5	4	3	2	1	0
							PSC[15:0]								
rw	rw	rw	rw	rw	rw	rw	rw	rw	rw	rw	rw	rw	rw	rw	rw

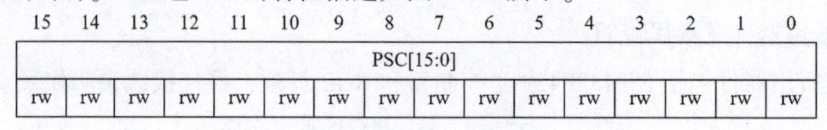

图 4-22 TIMx_PSC 的各位描述

位 15:0 即 PSC[15:0] 是预分频寄存器值位，计数器时钟 CK_CNT 频率等于 f_{CK_PSC}/（PSC[15:0]+1），其中，f_{CK_PSC} 为预分频寄存器获得的定时器时钟频率，PSC 包含在每次发生更新事件时要装载到预分频寄存器的值。

这里，定时器的时钟来源有以下 4 个。

① 内部时钟（CK_INT）。

② 外部时钟模式 1：外部输入脚（TIx）。

③ 外部时钟模式 2：外部触发输入（ETR），仅适用于 TIM2、TIM3、TIM4。

④ 内部触发输入（ITRx）：使用 A 定时器作为 B 定时器的预分频寄存器（A 为 B 提供时钟）。

这些时钟，具体选择哪个可以通过 TIMx_SMCR 寄存器的相关位来设置。这里的 CK_INT 时钟是从 APB1 倍频得来的，除非 APB1 的时钟分频数设置为 1（一般不会设置为 1），否则通用定时器 TIMx 的时钟是 APB1 时钟的 2 倍，当 APB1 的时钟不分频时，通用定时器 TIMx 的时钟就等于 APB1 的时钟。这里还要注意的就是高级定时器以及 TIM9~TIM11 的时钟不是来自 APB1，而是来自 APB2。

这里顺带介绍一下 TIMx_CNT 寄存器。该寄存器是定时器的计数器，存储了当前定时器的计数值。

（4）自动重装载寄存器（TIMx_ARR）。TIMx_ARR 的各位描述如图 4-23 所示。

15	14	13	12	11	10	9	8	7	6	5	4	3	2	1	0
							ARR[15:0]								
rw	rw	rw	rw	rw	rw	rw	rw	rw	rw	rw	rw	rw	rw	rw	rw

图 4-23 TIMx_ARR 的各位描述

位 15:0 即 ARR[15:0]是自动重载值位，ARR 为要装载到实际重载寄存器的值。当自动重载值为空时，计数器不工作。

(5)状态寄存器(TIMx_SR)。该寄存器用来标记当前与定时器相关的各种事件/中断是否发生，其各位描述如图 4-24 所示。

15	14	13	12	11	10	9	8	7	6	5	4	3	2	1	0
Reserved			CC4OF	CC3OF	CC2OF	CC1OF	Reserved		TIF	Res	CC4IF	CC3IF	CC2IF	CC1IF	UIF
			re_w0	re_w0	re_w0	re_w0			re_w0		re_w0	re_w0	re_w0	re_w0	re_w0

图 4-24 TIMx_SR 的各位描述

位 0 即 UIF 是更新中断标志位，该位在发生更新事件时通过硬件置 1，但需要通过软件清零。其中，0 对应未发生更新，1 对应更新中断挂起。

该位在以下情况下更新寄存器时由硬件置 1。

①上溢或下溢(对于 TIM2 到 TIM5)以及当 TIMx_CR1 寄存器中 UDIS=0 时。

②TIMx_CR1 寄存器中的 URS 0 且 UDIS-0 时，并且由软件使用 TIMx_EGR 寄存器中的 UG 位重新初始化 CNT 时。

③TIMx_CR1 寄存器中的 URS -0 且 UDIS=0 时，并且 CNT 由触发时间重新初始化。

只要对以上几个寄存器进行简单的设置，我们就可以使用通用定时器了，并且可以产生中断。设置过程如下。

(1)定时器初始化配置函数示例代码如下。

```
void TIM3_Init(void)
{
    TIM_MasterConfigTypeDef sMasterConfig;
    htim3.Instance = TIM3;
    htim3.Init.Prescaler = 0;
    htim3.Init.CounterMode = TIM_COUNTERMODE_UP;
    htim3.Init.Period = 105-1;
    htim3.Init.ClockDivision = TIM_CLOCKDIVISION_DIV1;
    HAL_TIM_PWM_Init(&htim3);
    sMasterConfig.MasterOutputTrigger = TIM_TRGO_RESET;
    sMasterConfig.MasterSlaveMode = TIM_MASTERSLAVEMODE_DISABLE;
    HAL_TIMEx_MasterConfigSynchronization(&htim3, &sMasterConfig);
    sConfigOC.OCMode = TIM_OCMODE_PWM1;
    sConfigOC.Pulse = 0;
    sConfigOC.OCPolarity = TIM_OCPOLARITY_HIGH;
    sConfigOC.OCFastMode = TIM_OCFAST_DISABLE;
    HAL_TIM_PWM_ConfigChannel(&htim3, &sConfigOC, TIM_CHANNEL_1);
}
```

(2)RGB 颜色显示函数示例代码如下。

```
void ws281x_setColor(uint16_t n, uint8_t color[][3])
{
```

```c
    uint8_t i,row;
    uint16_t memaddr;
    uint16_t buffersize;
    buffersize = (n*24)+43;        // number of bytes needed is #LEDs*24 bytes + 42 trailing bytes
    memaddr = 0;
    for(row=0;row<n;row++)
    {
        for(i=0;i<8;i++)            //Green
        {
            pixelBuffer[memaddr]=((color[row][1]<<i) & 0x0080) ? WS_ONE:WS_ZERO;
            memaddr++;
        }
        for(i=0; i<8;i++)           // Red
        {
            pixelBuffer[memaddr] = ((color[row][0]<<i) & 0x0080) ? WS_ONE:WS_ZERO;
            memaddr++;
        }
        for(i=0;i<8;i++)            // Blue
        {
            pixelBuffer[memaddr] = ((color[row][2]<<i) & 0x0080) ? WS_ONE:WS_ZERO;
            memaddr++;
        }
    }
    HAL_TIM_PWM_Start_DMA(&htim3, TIM_CHANNEL_1, (uint32_t*)pixelBuffer, buffersize);
}
```

3.3.2 RGB 灯效逻辑介绍

先把需要初始化的函数进行封装，之后在主函数中调用封装好的初始化函数，从而获得 RGB 灯的数据信息。示例代码如下。

```c
uint8_t rgb1[6][3] = {{255,0,0},{0,255,0},{0,0,255},{255,0,0},{0,255,0},{0,0,255}};           //R
void InitConfig(void)
{
    HAL_Init();                         //初始化 HAL 库
    Stm32_Clock_Init(336,12,2,8);       //设置时钟,168 MHz
    delay_init(168);                    //初始化延时函数
    LED_Init();                         //初始化 LED
    key_init();                         //按键初始化
    ws281x_init();                      //RGB 初始化
}
int main(void)
{
```

```
    int i = 0;
    InitConfig();
    while(1)
    {
        delay_ms(2);
        ws281x_setColor(6,rgb1);
        if(i < 250)
            i++;
        else
        {
            i = 0;
            LED_GREEN_TOGGLE;
        }
    }
}
```

3.4 代码流程

RGB 灯控实验代码流程如图 4-25 所示。

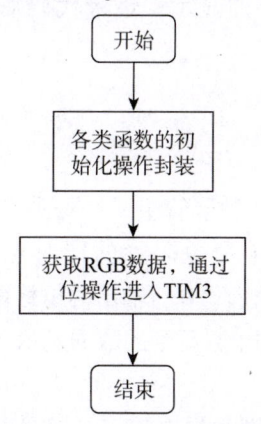

图 4-25　RGB 灯控实验代码流程

实验八　数码管实验

1. 实验目标

（1）熟悉 LED 数码管模块的基本工作原理和编程显示方法。
（2）掌握 STM32F429 微控制器上数码管的配置。

2. 开发环境

（1）硬件：STM32F429 主控制器、数码管模块。

（2）软件：Windows 7/10、MDK 集成开发环境。

3. 实验内容

3.1 所用器件及接线说明

本实验所用器件为数码管模块，器件接线说明如表 4-8 所示。

表 4-8　器件接线说明

扩展板	外设	备注
5 V	数码管 VCC	6PIN 排针插口
GND	数码管 GND	6PIN 排针插口
PB10	数码管 SCLK	6PIN 排针插口
PB11	数码管 RCLK	6PIN 排针插口
PB12	数码管 DIO	6PIN 排针插口

3.2 工作原理

本实验通过使用数码管模块来进行四位数字显示，编写 LED 程序可在数码管上显示结果"0~F"，而本次实验是简单数字的显示，烧录代码后，数码管显示对应的数字"6666"字样。

3.3 软件设计

3.3.1 数码管通信协议介绍

数码管模块由 4 个共阴极的 8 位数码管组成，每次只点亮其中一个，因为人眼的暂留现象，只要提高点亮频率便可实现 4 个数码管的同时点亮。数码管所用驱动芯片型号为 74HC595，该芯片是一个 8 位串行输入、并行输出的位移缓存器。因为数码管模块包含 4 个数码管，故需要两个驱动芯片，一个用于数码管的数据显示，另一个负责每个数码管的使能。

1）数码管端口介绍

数码管模块共有 5 个引脚，分别为供电接口、接地接口、SCLK 接口、RCLK 接口和数据输入接口。其中，SCLK 接口为移位时钟接口，该接口在上升沿时移位寄存器读取输入接口数据并移位，RCLK 为并行输出时钟，使接口在上升沿时数据并行输出。

2）代码介绍

（1）引脚初始化函数示例代码如下。

```
void digital_init(void)
{
    GPIO_InitTypeDef GPIO_Initure;
    __HAL_RCC_GPIOB_CLK_ENABLE();              //使能 GPIOB 时钟
    //初始化设置
    GPIO_Initure.Pin=GPIO_PIN_10|GPIO_PIN_11|GPIO_PIN_12;
    GPIO_Initure.Mode=GPIO_MODE_OUTPUT_PP;     //推挽输出
```

```
    GPIO_Initure.Pull=GPIO_PULLUP;              //上拉
    GPIO_Initure.Speed=GPIO_SPEED_FAST;         //快速
    HAL_GPIO_Init(GPIOB,&GPIO_Initure);
}
```

(2) 显示函数。

LED_OUT(u8 X)函数为数码管数据输入函数，通过该函数将数码管显示和使能数据传入移位寄存器中。LED_display_time(int data, u8 num)函数为数据显示函数，data为所需显示的数据，num为所要显示的数码管的位数。示例代码如下。

```
unsigned char LED_0F[] =
{0 1 2 3 4 5 6 7 8 9 A b C d E F-0xC0,0xF9,0xA4,0xB0,0x99,0x92,0x82,0xF8,0x80,0x90,0x88,0x83,0xC6,
0xA1,0x86,0x8E,0xBF
}
void LED_OUT(u8 X)
{
    u8 i;
    for(i=8;i>=1;i--)
    {
        if (X&0x80) DIO=1; else DIO=0;
        X<<=1;
        SCLK = 0;
        SCLK = 1;
    }
}
void LED_display_time(int data, u8 num)
{
    u8 display;
    for(u8 j = 0; j <= num; j++)
    {
        display = data % 10;
        data /= 10;
    }
    if(2 == num)
    {
        LED_OUT(LED_0F[display]&0x7F);
    }
    else
    {
        LED_OUT(LED_0F[display]);
```

```
    }
    LED_OUT(0x01 << num);
    RCLK = 0;
    RCLK = 1;
}
```

3.3.2 数码显示逻辑介绍

主函数首先初始化时钟、定时器和数码管，然后等待中断的到来，当捕获到上升沿高电平时，开启计时并等待下一次下降沿的捕获，最后打印总的高电平时间。示例代码如下。

```
int main(void)
{
    int i = 0;
    InitConfig();
    while(1)
    {
        delay_ms(2);
        if(i < 250)
        {
            i++;
        }
        else
        {
            i = 0;
            LED_GREEN_TOGGLE;
        }
    }
}
void HAL_TIM_PeriodElapsedCallback(TIM_HandleTypeDef*htim) //定时器溢出中断回调函数
{
    if(htim==&TIM9_Handler)                                //判断溢出中断是否为定时器9产生
    {
        TimTicks++;
        LED_display_time(6666, TimTicks%4);
    }
}
```

3.4 代码流程

数码管实验代码流程如图 4-26 所示。

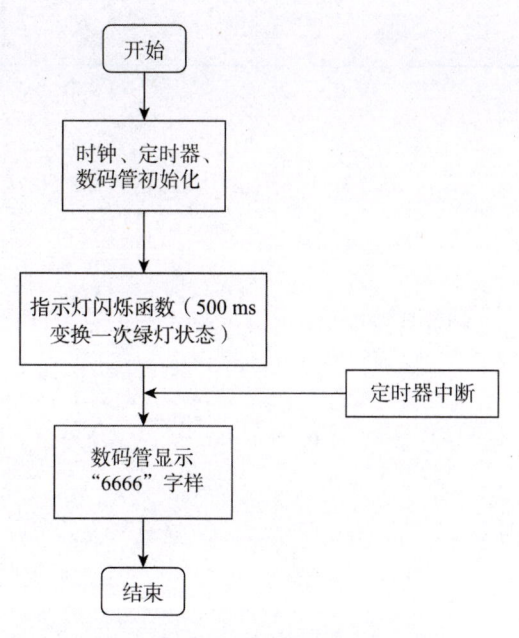

```
         ┌──────┐
         │ 开始 │
         └──┬───┘
            ▼
    ┌──────────────┐
    │ 时钟、定时器、│
    │ 数码管初始化  │
    └──────┬───────┘
           ▼
   ┌────────────────┐
   │ 指示灯闪烁函数  │         ┌────────────┐
   │（500 ms        │◄────────│ 定时器中断 │
   │ 变换一次绿灯状态）│        └────────────┘
   └──────┬─────────┘
          ▼
   ┌──────────────┐
   │ 数码管显示    │
   │ "6666" 字样   │
   └──────┬───────┘
          ▼
       ┌──────┐
       │ 结束 │
       └──────┘
```

图 4-26　数码管实验代码流程

课后习题

1. 简述 PWM 的原理。

2. 简述什么是SPI。

3. 简述STM32F429的ADC模块的工作原理。

4. 编码器是如何工作的？

> 🔘 延伸阅读 ▸ ▸

刘宏院士：让维修机器人登上天宫二号的践行者

刘宏，中国工程院院士，中科智库首批入库专家兼审核委员会委员，空间机器人专家，长期从事空间机器人基础理论和灵巧操控技术研究，主持研制出我国首台空间机器人，相关成果成功应用于试验七号卫星和天宫二号实验室，为国家空间安全和在轨服务作出了突出贡献。

中国的机器人产业起步较晚，但中国机器人灵巧手技术却走在世界前列。2016 年，刘宏设计研发的空间机器人灵巧手在天宫二号上实现国际首次人机协同在轨维修技术试验，包括拆除隔热材料、拿电动工具拧螺钉、在轨遥操作等，被同行们称为让维修机器人登上天宫二号的"践行者"。

在 20 世纪 90 年代初，刘宏完成了多种触觉功能的灵巧手及控制系统的研究，提出了宏微操作器系统理论。2001 年，刘宏带领团队研制出国内第一个仿人机器人灵巧手，其具有力矩、位置、温度、指尖力等多种感知功能。这项研究填补了中国在机器人灵巧手领域的空白。

中国第一个仿人机器人灵巧手，尺寸与人手相似，有 4 个手指，每个手指有 4 个关节，共有 12 个自由度、96 个传感器，共有机械零件 600 多个，表面贴装电子元件 1 600 多个。该灵巧手可以弹奏简单的乐曲；研究人员佩戴数据手套，可以对灵巧手进行远距离操控，如远距离操控灵巧手倒水等。

  2006年，刘宏团队又研制出微型力矩传感器并运用到灵巧手上。欧洲航天局、美国布朗大学以及中德多所大学等都成为微型力矩传感器灵巧手的用户。

  关于发展空间机器人的必要性，刘宏说："汽车可以到4S店保养，飞机可以在地面进行维修，航天器一旦发生问题谁来修？"

  空间机器人是在太空中执行空间站建造与运营支持、卫星组装与服务、科学实验、行星探索等任务的特种机器人。我国空间机器人技术研究始于20世纪90年代，2014年我国第一个在轨工作的机械臂上天。近些年，中国科学院、哈尔滨工业大学、北京邮电大学、北京理工大学、北京航空航天大学、中国空间技术研究院等单位针对空间机器人开展了大量研究，并取得了丰硕成果。

  目前，中国新一代的空间机器人可以配备高灵巧机械臂，注入了仿生理念。刘宏称，中国的空间机器人配备的机械臂已经实现多关节连续体、精细操作；实现从单个机械臂走向多个机械臂、人形机械臂；从以前的宇航员在天上"遥操作"，演变成地面"主从遥操作"，再到地面临场遥感操作。

  2016年，第十三届空间人工智能、机器人和自动化国际研讨会在北京举行。刘宏在会上表示，虽然我国在空间机械臂领域的研究晚于一些欧美国家，但是我国的发展速度很快。就空间机械臂来说，我国的水平目前处在世界前列。

  20世纪80年代中期，我国第一台华宇-I型弧焊机器人研制成功，总设计师是刘宏的老师蔡鹤皋。刘宏说这是一件很伟大的事情，因此报考蔡鹤皋的研究生，一起研究机器人。刘宏表示，搞科研应该打牢理论基础，把基本功练扎实，然后进一步培养创新能力。从整理的事实中发现规律，从而发明创造一些新的东西。

  作为教育部首批创新团队"机器人与机电一体化技术"学术带头人，刘宏带领的团队不仅创造了和谐、民主、团结、富有凝聚力的小环境，更为年轻人创造了良好的学术发展大环境。刘宏告诉学生："科研是一种乐趣，也是一种责任，搞科研要耐得住寂寞。"

本文来源：中国机器人网

第 5 章 综合性实验

实验一 四轮移动平台控制实验

1. 实验目标

(1)锻炼动手拼装能力。
(2)掌握四轮车通过差速实现转向的方法。

2. 开发环境

(1)硬件：STM32F427 主控制器、扩展板、电动机驱动模块、PS2 遥控器(包含手柄及接收器)。
(2)软件：Windows 7/10、MDK 集成开发环境。
(3)结构件：胶轮、联轴器、铝方管、电动机及电动机座等。

四轮移动平台结构如图 5-1 所示。

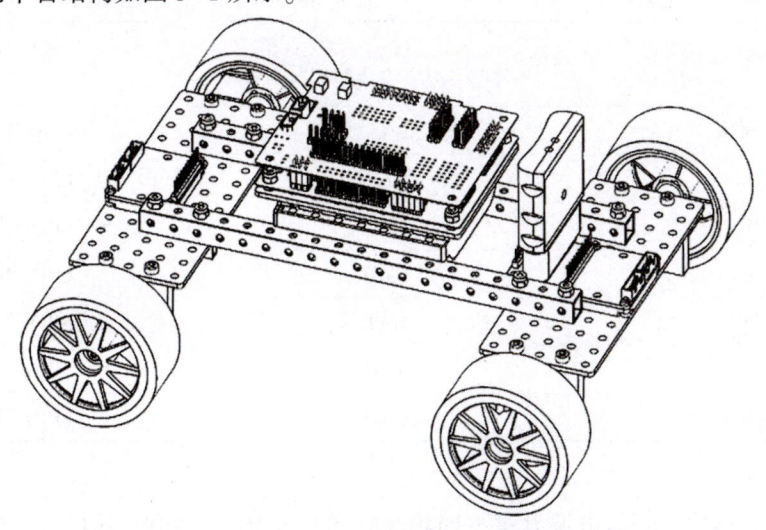

图 5-1 四轮移动平台结构

3. 实验内容

3.1 所用器件及接线说明

本实验所用器件包括编码器电动机、电动机驱动模块、PS2 遥控器。所用器件具体工作原理见第 2 章,接线说明如表 5-1~表 5-3 所示。

表 5-1 扩展板、电动机驱动模块接线说明

扩展板	电动机驱动模块 1	备注	扩展板	电动机驱动模块 2	备注
GND	GND		GND	GND	
12 V	VM		12 V	VM	
PF1	AIN2		PF0	AIN2	
PF3	AIN1		PF2	AIN1	
PF5	STBY		PF4	STBY	
PF7	PulA	11PIN 杜邦线	PF6	PulA	11PIN 杜邦线
PF9	PulB		PF8	PulB	
PC0	BIN1		PC1	BIN1	
PC2	BIN2		PC3	BIN2	
PA0	PWMA		PA1	PWMA	
PA2	PWMB		PA3	PWMB	

表 5-2 电动机、电动机驱动模块接线说明

电动机驱动模块 1	电动机	备注	电动机驱动模块 2	电动机	备注
插座(含 AO1、AO2)	电动机 1	PH 2.0 mm 6PIN 专用线	插座(含 AO1、AO2)	电动机 3	PH 2.0 mm 6PIN 专用线
插座(含 BO1、BO2)	电动机 2		插座(含 BO1、BO2)	电动机 4	

表 5-3 PS2 接收器接线说明

扩展板	PS2 接收器引脚	备注
PE2	CLK	6PIN 引脚
PE5	CS	6PIN 引脚
PE4	CMD	6PIN 引脚
PE3	DAT	6PIN 引脚
5 V	VCC	6PIN 引脚
GND	GND	6PIN 引脚

3.2 工作原理

实物搭建完毕后,开启电源开关,四轮车初始化完毕后,可使用 PS2 手柄对其进行控制。其中,左摇杆的水平方向控制车转向,右摇杆的前后方向控制胶轮车直线运动。

3.3 软件设计

3.3.1 PS2 手柄通信协议介绍

PS2 采用的是 SPI 通信协议,是一种高速的、全双工、同步的通信协议,并且在芯片的引脚上只占用 4 根线(DI、DO、CS、CLK),节约了芯片的引脚,同时为 PCB 的布局节省空间。

1) PS2 端口介绍

PS2 接收器上一共有 9 个引脚,如图 5-2 所示。

1	2	3	4	5	6	7	8	9
DI/DAT	DO/CMD	NC	GND	VCC	CS/SEL	CLK	NC	ACK

图 5-2 PS2 端口

DI/DAT:信号流向为从手柄到主机,此信号是一个 8 bit 的串行数据,同步传送于时钟的下降沿。信号的读取在时钟由高到低的变化过程中完成。

DO/CMD:信号流向为从主机到手柄,此信号和 DI 相对,信号是一个 8 bit 的串行数据,同步传送于时钟的下降沿。

NC:空端口。

GND:电源接地端。

VCC:接收器工作电源,电源范围为 3~5 V。

CS/SEL:用于提供手柄触发信号,在通信期间,处于低电平。

CLK:时钟信号,由主机发出,用于保持数据同步。

NC:空端口。

ACK:从手柄到主机的应答信号。此信号在每个 8 bit 数据发送的最后一个周期变低并且 CS 一直保持低电平,如果 CS 信号不变低,约 60 μs 后 PS 主机会试另一个外设。在编程时未使用 ACK 端口(可以忽略)。

2) PS2 通信过程

PS2 通信过程如图 5-3 所示。

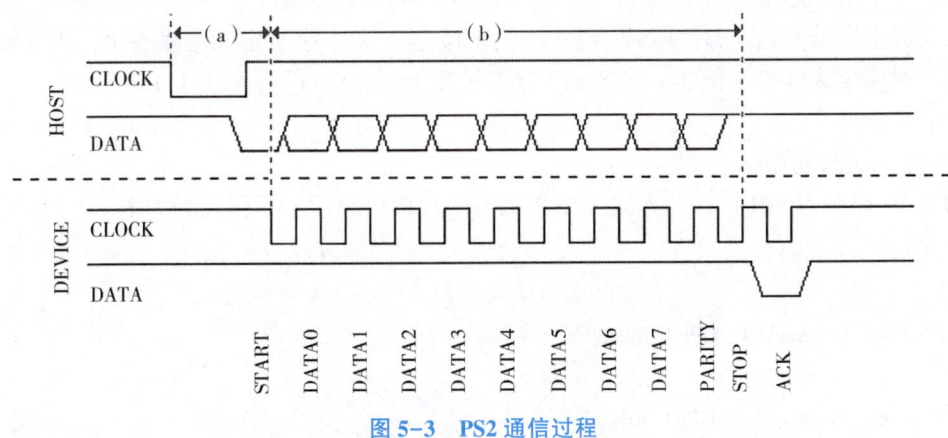

图 5-3 PS2 通信过程

(1) CS 线在通信期间拉低,通信完成后再将 CS 拉高。

(2) DO、DI 在 CLK 的下降沿完成数据的发送和读取。

下降沿:数字电平从高电平(数字"1")变为低电平(数字"0")的那一瞬间。

(3) CLK 的每个周期为 10 μs。例如，在某个时刻，CLK 处于下降沿，若此时 DO 为高电平则取"1"，DO 为低电平则取"0"。连续读 8 次则得到一个字节的数据，连续读 9 个字节就能得到一个传输周期所需要的数据。DI 也是一样的，发送和传输同时进行。

PS2 具体的通信过程如表 5-4 所示。

表 5-4　PS2 具体的通信过程

PS2 引脚	DO	DI	Bit0、Bit1、Bit2、Bit3、Bit4、Bit5、Bit6、Bit7、Bit8
0	0x01	Idle	
1	0x42	0x5A	
2	Idle	Data	
3	WW	Data	SELECT、L3、R3、START、UP、RIGHT、DOWN、LEFT
4	YY	Data	L2、R2、L1、R1、△、○、×、□
5	Idle	Data	PSS RX (0x00-LEFT、0xFF-RIGHT)
6	Idle	Data	PSS RY (0x00-UP、0xFF-DOWN)
7	Idle	Data	PSS LX (0x00-LEFT、0xFF-RIGHT)
8	Idle	Data	PSS LY (0x00-UP、0xFF-DOWN)

首先单片机拉低 CS 片选信号线，然后在每个 CLK 的下降沿读 1 bit，每读 8 bit（即一个字节）CLK 拉高一小段时间，一共读 9 组 8 bit。

第一个字节是单片机发给接收器的命令"0x01"。

PS2 手柄会在第二个字节回复它的 ID（0x41＝绿灯模式，0x73＝红灯模式），同时在第二个字节时单片机发给 PS2 一个 0x42 请求数据。

红灯模式时，左右摇杆发送模拟值（0x00~0xFF），且摇杆按下的键值 L3、R3 有效。

绿灯模式时，左右摇杆模拟值无效，推到极限时，对应发送 UP、RIGHT、DOWN、LEFT、△、○、×、□，按键值 L3、R3 无效。

第三个字节 PS2 会给主机发送"0x5A"告诉单片机数据来了。

从第四个字节开始全是接收器给主机发送的数据，每个字节定义见表 5-4，当有按键被按下时，对应位为"0"，例如，当键 SELECT 被按下时，Data[3]＝11111110。

3) 代码介绍

（1）手柄引脚初始化。

通过 IO 口模拟 SPI 接口的方式实现手柄与单片机的通信，示例代码如下。

```
void PS2_Init(void)
{
    GPIO_InitTypeDef  GPIO_Initstruct;
    _HAL_RCC_GPIOE_CLK_ENABLE();
    GPIO_Initstruct.Pin=GPIO_PIN_3;
    GPIO_Initstruct.Mode=GPIO_MODE_INPUT;          //推挽输出
    GPIO_Initstruct.Pull=GPIO_PULLDOWN;            //上拉
```

```
        GPIO_Initstruct.Speed=GPIO_SPEED_HIGH;           //高速
        HAL_GPIO_Init(GPIOE,&GPIO_Initstruct);
        GPIO_Initstruct.Pin=GPIO_PIN_2|GPIO_PIN_4|GPIO_PIN_5;
        GPIO_Initstruct.Mode=GPIO_MODE_OUTPUT_PP;        //推挽输出
        GPIO_Initstruct.Pull=GPIO_PULLDOWN;              //上拉
        GPIO_Initstruct.Speed=GPIO_SPEED_HIGH;           //高速
        HAL_GPIO_Init(GPIOE,&GPIO_Initstruct);
            PS2.PSB_KEY_SELECT = 0;           PS2.PSB_KEY_L3 = 0;
            PS2.PSB_KEY_R3 = 0;               PS2.PSB_KEY_START = 0;
            PS2.PSB_KEY_PAD_UP= 0;            PS2.PSB_KEY_PAD_RIGHT = 0;
            PS2.PSB_KEY_PAD_DOWN= 0;          PS2.PSB_KEY_PAD_LEFT = 0;
            PS2.PSB_KEY_L2 = 0;               PS2.PSB_KEY_R2 = 0;
            PS2.PSB_KEY_L1 = 0;               PS2.PSB_KEY_R1 = 0;
            PS2.PSB_KEY_GREEN = 0;            PS2.PSB_KEY_BLUE = 0;
            PS2.PSB_KEY_RED = 0;              PS2.PSB_KEY_PINK= 0;
            PS2.PSS_BG_RX= 0;                 PS2.PSS_BG_RY= 0;
            PS2.PSS_BG_LX= 0;                 PS2.PSS_BG_LY= 0;
        }
```

（2）数据传输函数。

该函数一次发送一个字节的数据，因数据需要在 CLK 的下降沿发送，故在 CLK 拉高期间将 DO 置为预定值，再将 CLK 拉低。同时，因为 SPI 通信会在主机发送数据的同时接收到从机发送过来的数据，所以对于 PS2 手柄发送来的数据，函数将其存放到了数组 Data 中。示例代码如下：

```
//读取手柄数据
void PS2_ReadData(void)
{
    volatile u8 byte=0;
    volatile u16 ref=0x01;
    CS_L;
    PS2_Cmd(Comd[0]);              //开始命令
    PS2_Cmd(Comd[1]);              //请求数据
    for(byte=2;byte<9;byte++)      //开始接收数据
    {
        for(ref=0x01;ref<0x100;ref<<=1)
        {
            CLK_H;
            delay_us(5);
            CLK_L;
            delay_us(5);
```

```
                CLK_H;
                if(DI)
                Data[byte] = ref|Data[byte];
            }
            delay_us(16);
            printf("% d\r\n",Data[1]);
        }
        CS_H;
    }
```

3.3.2 底盘控制逻辑介绍

胶轮底盘可以控制前后运动和旋转运动,在做这些运动时,底盘左侧两个轮子的运动状态一致,右侧两个轮子的运动状态一致。

1) 底盘控制函数

先将 PS2 手柄发过来的旋转指令和前进后退指令转换成左右轮的运动指令,再对电动机进行控制。示例代码如下。

```
void chassis_control(void)
{
    //胶轮速度解算
    Left_Speed  = + PS2.PSS_BG_RY + 2*PS2.PSS_BG_LX;
    Right_Speed = − PS2.PSS_BG_RY + 2*PS2.PSS_BG_LX;

    Motor_Speed_Set1(Left_Speed);
    Motor_Speed_Set2(Left_Speed);
    Motor_Speed_Set3(Right_Speed);
    Motor_Speed_Set4(Right_Speed);
}
```

2) 电动机控制函数

底盘 4 个电动机控制逻辑相同,通过控制 STBY 引脚控制电动机停止或运动,通过控制 AIN1、AIN2(BIN1、BIN2)控制电动机的正反转,通过 PWM 控制电动机的转速。底盘左前电动机的控制代码如下。

```
//控制电动机转动到合适位置
void Motor_Speed_Set1(int Speed)            //左前电动机
{
    int Motor_PWM=0;
    Motor_PWM=Speed;
    if(Motor_PWM>=0)                         //控制电动机顺时针旋转
    {
        HAL_GPIO_WritePin(GPIOF, GPIO_PIN_5,GPIO_PIN_SET);
                                             //STBY 通过改变 PF0、PF2 引脚电平来改变电动机旋转方向
        HAL_GPIO_WritePin(GPIOC, GPIO_PIN_0,GPIO_PIN_RESET);    //BIN1
```

```
            HAL_GPIO_WritePin(GPIOC, GPIO_PIN_2,GPIO_PIN_SET);        //BIN2
    }
    else                              //控制电动机逆时针旋转
    {
            HAL_GPIO_WritePin(GPIOF, GPIO_PIN_5,GPIO_PIN_SET);
            HAL_GPIO_WritePin(GPIOC, GPIO_PIN_0,GPIO_PIN_SET);
            HAL_GPIO_WritePin(GPIOC, GPIO_PIN_2,GPIO_PIN_RESET);
    }
    __HAL_TIM_SET_COMPARE(&htim2, TIM_CHANNEL_3, abs(Motor_PWM));
                                      //注意电动机 4 是通道 3 控制
}
```

3）主函数

主函数首先对外设和时钟进行初始化，在 while 循环中每 500 ms 会对遥控器模式进行判断，若模式不对则对遥控器进行初始化，最后执行底盘控制函数。示例代码如下。

```
void InitConfig(void)
{
    HAL_Init();                       //初始化 HAL 库
    Stm32_Clock_Init(336,12,2,8);     //设置时钟,168 MHz
    delay_init(168);                  //初始化延时函数
    PS2_Init();                       //遥控器引脚初始化
    PS2_SetInit();                    //遥控器配置初始化
    LED_Init();                       //初始化 LED
    TIM2_Init();                      //PWM 定时器初始化
    TIM9_Init();                      //定时器中断初始化
}
int main(void)
{
    int i = 0;
    InitConfig();
    while(1)
    {
        delay_ms(2);
        if(i < 250)
            i++;
        else
        {
            i = 0;
            LED_GREEN_TOGGLE;
            if(PS2_RedLight())
            {
                PS2_SetInit();
```

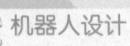

```
                }
            }
            chassis_control();
        }
    }
```

4) 定时器初始化和中断服务函数

单片机通过配置定时器 9 来实现 1 ms 的定时器中断，在中断服务函数中对遥控器接收的数据进行处理，示例代码如下。

```
void TIM9_Init(void)
{
    TIM9_Handler.Instance = TIM9;
    TIM9_Handler.Init.Prescaler = 84-1;                         //分频系数 84
    TIM9_Handler.Init.CounterMode = TIM_COUNTERMODE_UP;         //向上计数模式
    TIM9_Handler.Init.Period = 1000-1;                          //重装载值 1 000
    TIM9_Handler.Init.ClockDivision = TIM_CLOCKDIVISION_DIV1;
    HAL_TIM_Base_Init(&TIM9_Handler);                           //定时器初始化
    HAL_TIM_Base_Start_IT(&TIM9_Handler);                       //开启定时器 9
}
void HAL_TIM_Base_MspInit(TIM_HandleTypeDef*htim)
{
    _HAL_RCC_TIM9_CLK_ENABLE();                                 //定时器 9 使能
    HAL_NVIC_SetPriority(TIM1_BRK_TIM9_IRQn,0,0);               //设置中断优先级,抢占 0,子优先级 0
    HAL_NVIC_EnableIRQ(TIM1_BRK_TIM9_IRQn);                     //开始定时器 9 中断
}
void TIM1_BRK_TIM9_IRQHandler(void)
{
    HAL_TIM_IRQHandler(&TIM9_Handler);                          //定时器共用处理函数
}
void HAL_TIM_PeriodElapsedCallback(TIM_HandleTypeDef*htim)      //定时器溢出中断回调函数
{
    static int TimTicks=0;                                      //定时器 9 溢出中断计数,用来确
                                                                //定时间
    if(htim==&TIM9_Handler)                                     //判断溢出中断是否为定时器 9 产生
    {
        TimTicks++;
        if(TimTicks% 50==0)
        {
            TimTicks = 0;
            PS2_DataKey();
        }
    }
}
```

3.4 代码流程

四轮移动平台控制实验代码流程如图 5-4 所示。

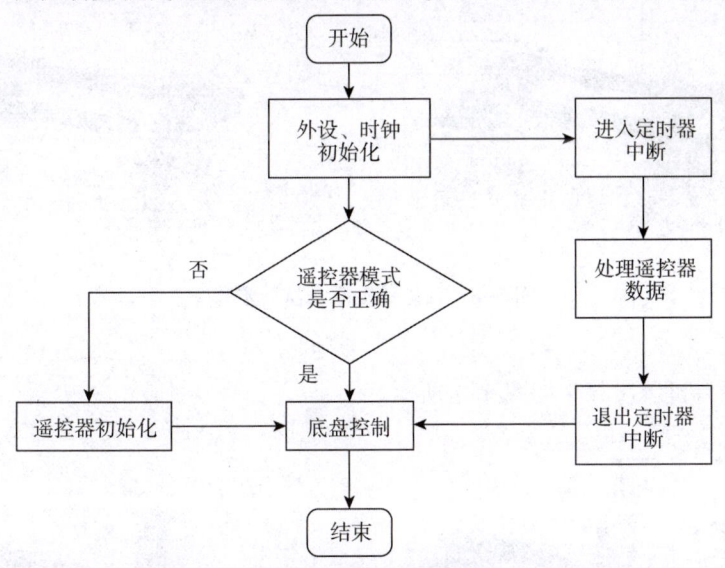

图 5-4　四轮移动平台控制实验代码流程

4. 结构总图

四轮移动平台结构总图如图 5-5 所示。

图 5-5　四轮移动平台结构总图

5. 拼装过程

四轮移动平台的拼装过程如下。
1）步骤 1

四轮移动平台拼装步骤 1 如图 5-6 所示。

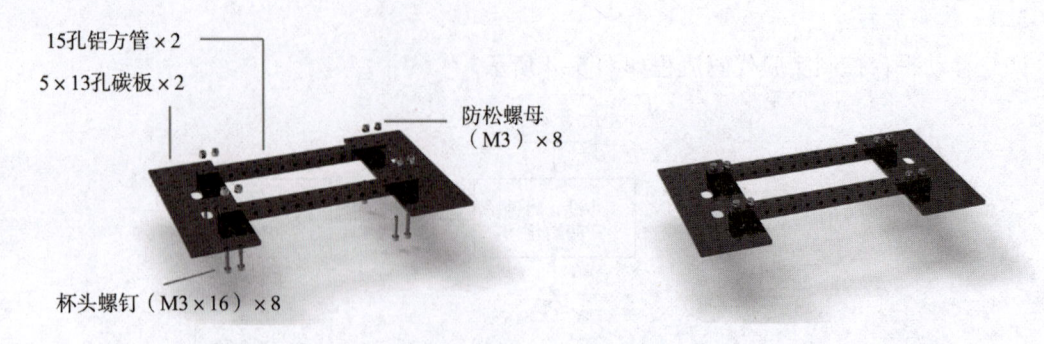

15孔铝方管×2
5×13孔碳板×2
防松螺母（M3）×8
杯头螺钉（M3×16）×8

图 5-6　四轮移动平台拼装步骤 1

2) 步骤 2

四轮移动平台拼装步骤 2 如图 5-7 所示。

遥控器接收机×1
电动机驱动模块×2
杯头螺钉（M3×16）×8

图 5-7　四轮移动平台拼装步骤 2

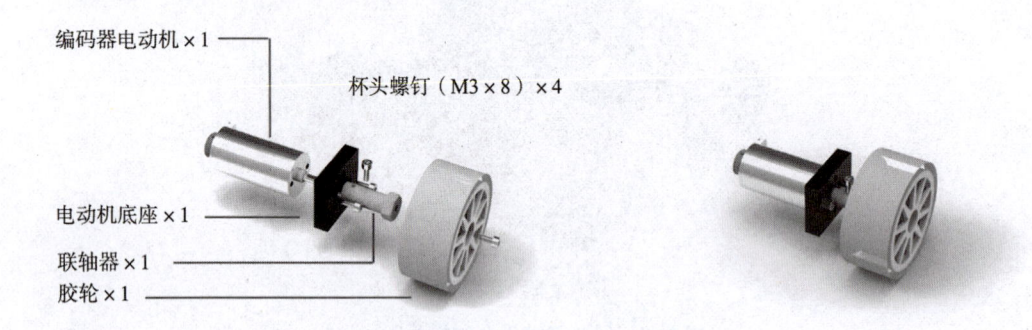

3) 步骤 3

四轮移动平台拼装步骤 3 如图 5-8 所示。

编码器电动机×1
杯头螺钉（M3×8）×4
电动机底座×1
联轴器×1
胶轮×1

图 5-8　四轮移动平台拼装步骤 3

4) 步骤 4

四轮移动平台拼装步骤 4 如图 5-9 所示。

杯头螺钉（M3×6）×8

图 5-9　四轮移动平台拼装步骤 4

5）步骤 5

四轮移动平台拼装步骤 5 如图 5-10 所示。

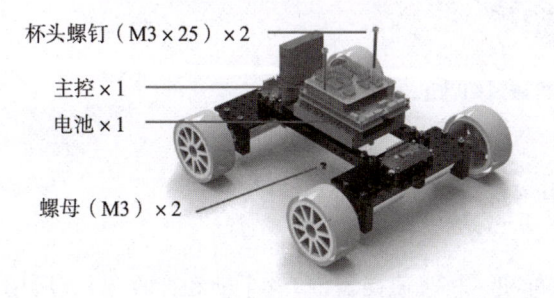

杯头螺钉（M3×25）×2
主控 ×1
电池 ×1
螺母（M3）×2

图 5-10　四轮移动平台拼装步骤 5

实验二　机械臂设计控制实验

1. 实验目标

（1）锻炼动手拼装能力。
（2）学习 PWM 控制原理，并掌握利用 STM32F427 产生 PWM 输出实现舵机控制的方法。
（3）学习 PS2 遥控器的使用，了解其数据传输、解码的过程。

2. 开发环境

（1）硬件：STM32F427 主控制器。
（2）软件：Windows 7/10、MDK 集成开发环境。
（3）结构件：铝方管、摇臂、机械夹爪。

机械臂结构如图 5-11 所示。

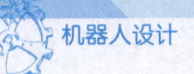

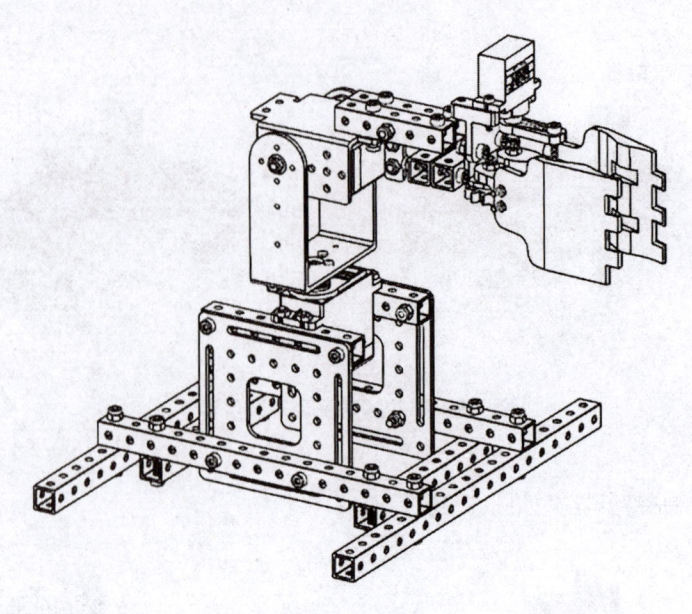

图 5-11　机械臂结构

3. 实验内容

3.1　所用器件及接线说明

本实验所用器件包括 180°舵机、MG996R 舵机、PS2 遥控器(包含手柄和接收器)。所用器件具体工作原理见第 2 章，器件接线说明如表 5-5 所示。

表 5-5　器件接线说明

扩展板	外设	备注
PD12	摆动舵机信号线(黄色)	3PIN 排针插口
PD13	俯仰舵机信号线(黄色)	3PIN 排针插口
PD14	夹爪舵机信号线(黄色)	3PIN 排针插口
5 V	舵机电源线(红色)	3PIN 排针插口
GND	舵机地线(褐色)	3PIN 排针插口
PE2	PS2 接收器 DAT	6PIN 排针插口
PE3	PS2 接收器 CMD	6PIN 排针插口
PE4	PS2 接收器 CS	6PIN 排针插口
PE5	PS2 接收器 CLK	6PIN 排针插口
5 V	PS2 接收器 VCC	6PIN 排针插口
GND	PS2 接收器 GND	6PIN 排针插口

3.2　工作原理

本实验应用舵机实现机械臂的摆动、抬降及手爪的开合动作，由 180°舵机控制机械手爪的开合动作，由 MG996R 舵机控制机械手和抬降动作。PS2 手柄的遥杆和按键的信息，通过 2.4 GB 无线网络传递到 PS2 接收器。单片机周期性地读取 PS2 接收器的数据并进行解包,同时产生对应的 PWM 输出,控制机械臂的左右摆动、上下抬降及手爪的开合。

3.3 软件设计

3.3.1 PS2 手柄通信协议介绍

内容详见第 5 章实验一的 3.3.1。

3.3.2 机械臂控制逻辑

1) 机械臂控制函数

机械臂由 3 个舵机驱动,通过 PS2 手柄控制。十字按键的左右按键控制机械臂的旋转运动,上下按键控制机械臂的俯仰轴运动,绿色和蓝色按键负责机械臂的抓取。示例代码如下。

```
void servo_ctrl(void)
{
    static double swin_angle=90.0,lift_angle=180.0,grip_angle=90.0;    //设置舵机初始化的角度
    if(PS2.PSB_KEY_PAD_LEFT||PS2.PSB_KEY_PAD_RIGHT)
    {
        swin_angle+=(PS2.PSB_KEY_PAD_LEFT-PS2.PSB_KEY_PAD_RIGHT)*0.5;
    }
    else if(PS2.PSB_KEY_PAD_DOWN||PS2.PSB_KEY_PAD_UP)
    {
        lift_angle+=(PS2.PSB_KEY_PAD_DOWN-PS2.PSB_KEY_PAD_UP)*0.5;
    }
    else if(PS2.PSB_KEY_GREEN||PS2.PSB_KEY_BLUE)
    {
        grip_angle+=(PS2.PSB_KEY_BLUE-PS2.PSB_KEY_GREEN)*4.0;
    }
    //舵机角度范围为 0°~180°。由于机械限位,手爪范围更小
    servo_limit_angle(&swin_angle,180,0);
    servo_limit_angle(&lift_angle,180,0);
    servo_limit_angle(&grip_angle,180,0);
    servo_run(swin_angle,SWING_SERVO);
    servo_run(lift_angle,LIFT_SERVO);
    servo_run(grip_angle,GRIP_SERVO);
}
```

2) 主函数

主函数首先对外设和时钟进行初始化,然后在主循环中每 500 ms 变换一次绿灯状态,同时判断遥控器是否在红灯模式,若不是则设置遥控器为红灯模式。示例代码如下。

```
void InitConfig(void)
{
    HAL_Init();                    //初始化 HAL 库
```

```c
    Stm32_Clock_Init(336,12,2,8);        //设置时钟,168 MHz
    delay_init(168);                      //初始化延时函数
    PS2_Init();                           //遥控器引脚初始化
    PS2_SetInit();                        //遥控器配置初始化
    LED_Init();                           //初始化 LED
    TIM4_Init(20000-1,84-1);              //舵机 PWM 定时器初始化
    TIM9_Init();                          //定时器中断初始化
    servo_run(90.0,SWING_SERVO);          //三个舵机逐一初始化
    delay_ms(1000);
    servo_run(180.0,LIFT_SERVO);
    delay_ms(1000);
    servo_run(90.0,GRIP_SERVO);
    delay_ms(1000);
}
int main(void)
{
    int i = 0;
    InitConfig();
    while(1)
    {
        delay_ms(2);
        if(i < 250)
        {
            i++;
        }
        else
        {
            i = 0;
            LED_GREEN_TOGGLE;
            if(PS2_RedLight())            //保证遥控器始终为红灯模式
            {
                PS2_SetInit();
            }
        }
    }
}
```

3.4 代码流程

机械臂设计控制实验代码流程如图 5-12 所示。

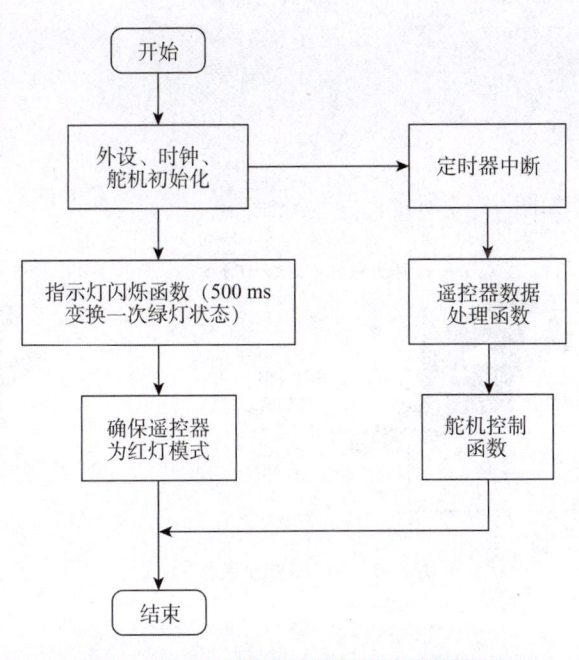

图 5-12　机械臂设计控制实验代码流程

4. 结构总图

机械臂结构总图如图 5-13 所示。

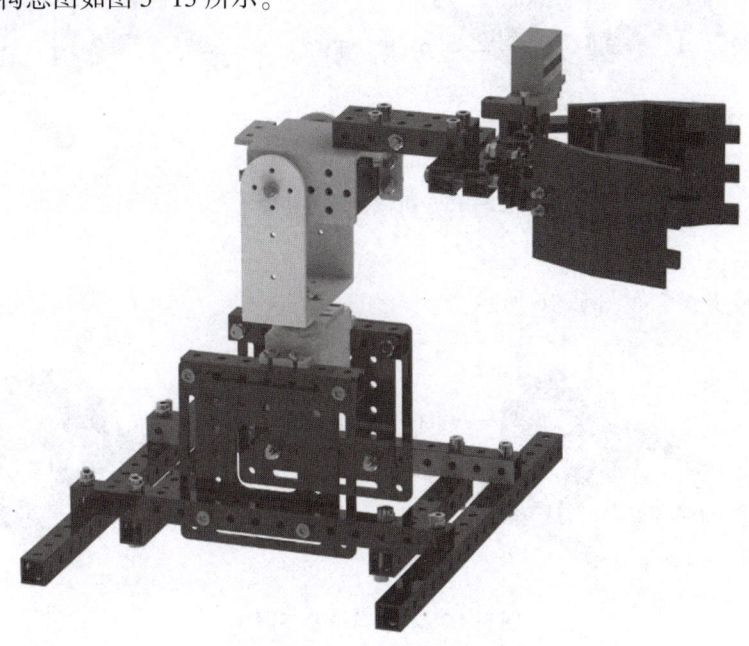

图 5-13　机械臂结构总图

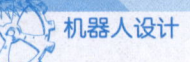

5. 拼装过程

机械臂拼装过程如下。

1）步骤 1

机械臂拼装步骤 1 如图 5-14 所示。

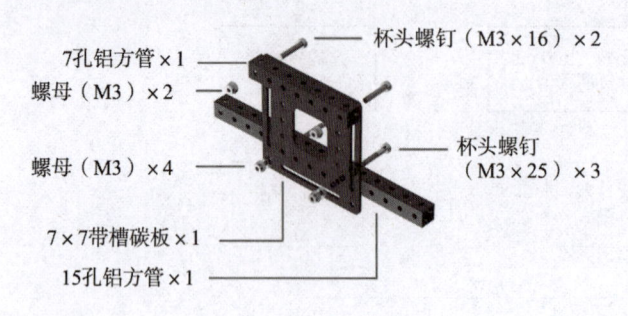

7孔铝方管×1
螺母（M3）×2
螺母（M3）×4
7×7带槽碳板×1
15孔铝方管×1
杯头螺钉（M3×16）×2
杯头螺钉（M3×25）×3

图 5-14　机械臂拼装步骤 1

2）步骤 2

机械臂拼装步骤 2 如图 5-15 所示。

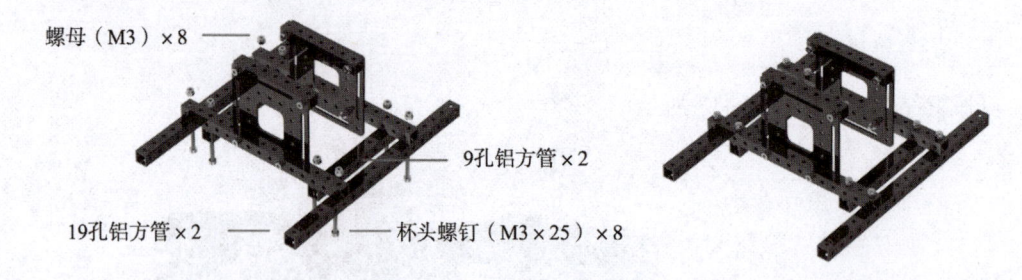

螺母（M3）×8
19孔铝方管×2
9孔铝方管×2
杯头螺钉（M3×25）×8

图 5-15　机械臂拼装步骤 2

3）步骤 3

机械臂拼装步骤 3 如图 5-16 所示。

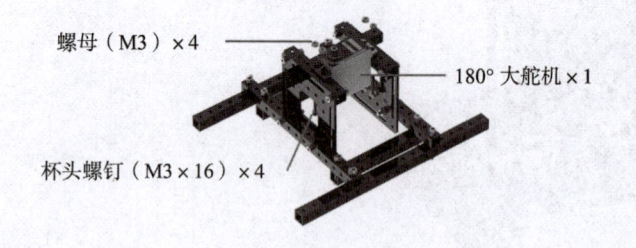

螺母（M3）×4
杯头螺钉（M3×16）×4
180° 大舵机×1

图 5-16　机械臂拼装步骤 3

4）步骤 4

机械臂拼装步骤 4 如图 5-17 所示。

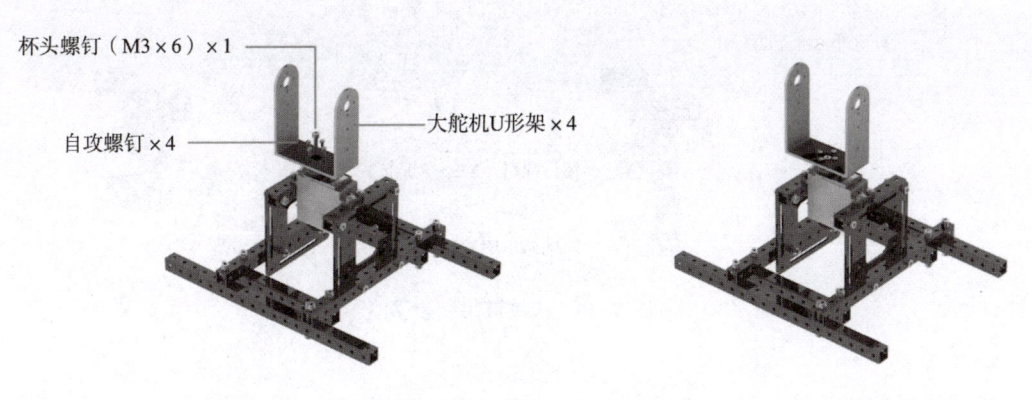

图 5-17 机械臂拼装步骤 4

5）步骤 5
机械臂拼装步骤 5 如图 5-18 所示。

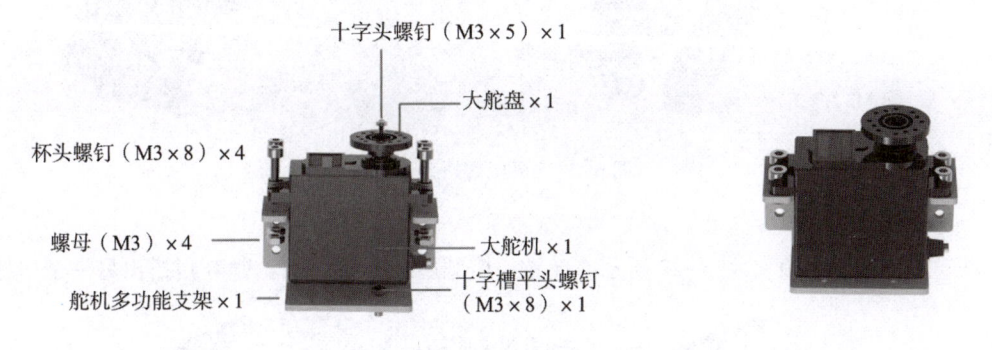

图 5-18 机械臂拼装步骤 5

6）步骤 6
机械臂拼装步骤 6 如图 5-19 所示。

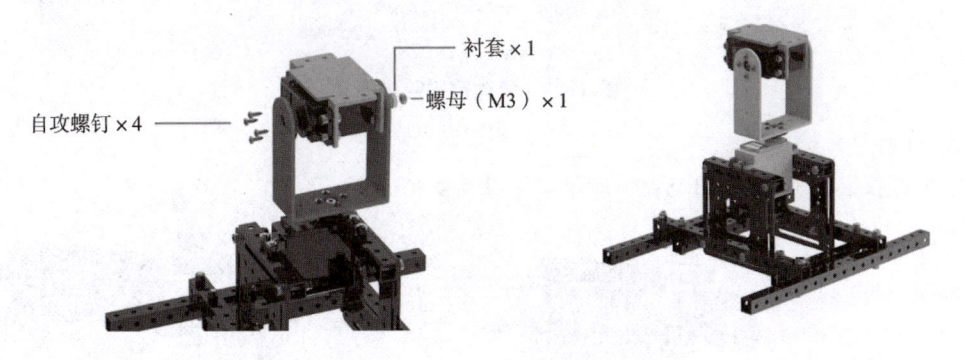

图 5-19 机械臂拼装步骤 6

7）步骤 7
机械臂拼装步骤 7 如图 5-20 所示。

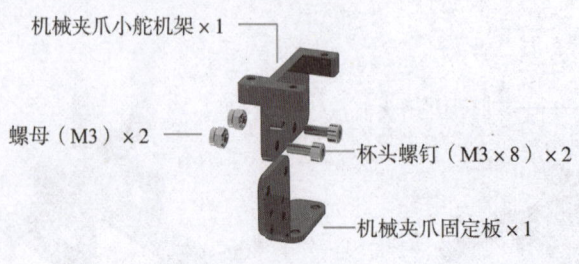

图 5-20　机械臂拼装步骤 7

8）步骤 8

机械臂拼装步骤 8 如图 5-21 所示。

图 5-21　机械臂拼装步骤 8

9）步骤 9

机械臂拼装步骤 9 如图 5-22 所示。注意：按图所示，使用齿轮臂 B 拼搭出另一个机械臂。

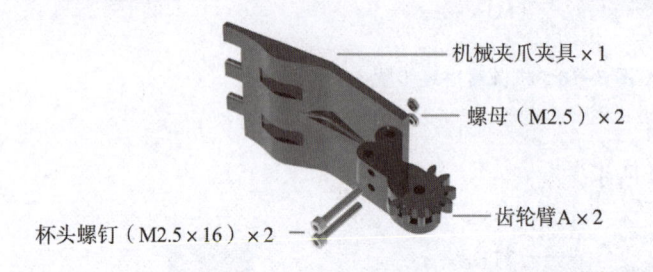

图 5-22　机械臂拼装步骤 9

10）步骤 10

机械臂拼装步骤 10 如图 5-23 所示。

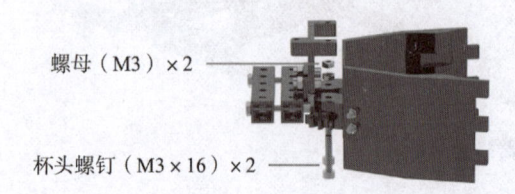

图 5-23　机械臂拼装步骤 10

11）步骤 11

机械臂拼装步骤 11 如图 5-24 所示。

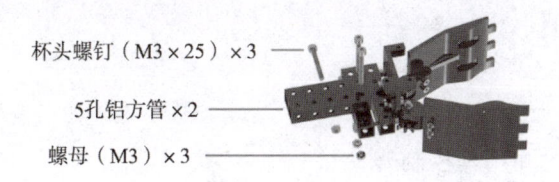

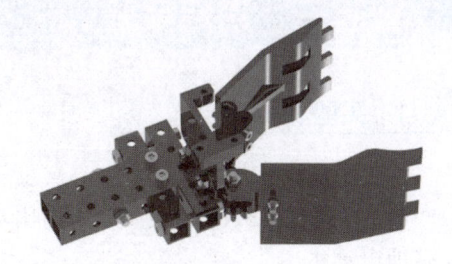

杯头螺钉（M3×25）×3
5孔铝方管×2
螺母（M3）×3

图 5-24　机械臂拼装步骤 11

12）步骤 12

机械臂拼装步骤 12 如图 5-25 所示。

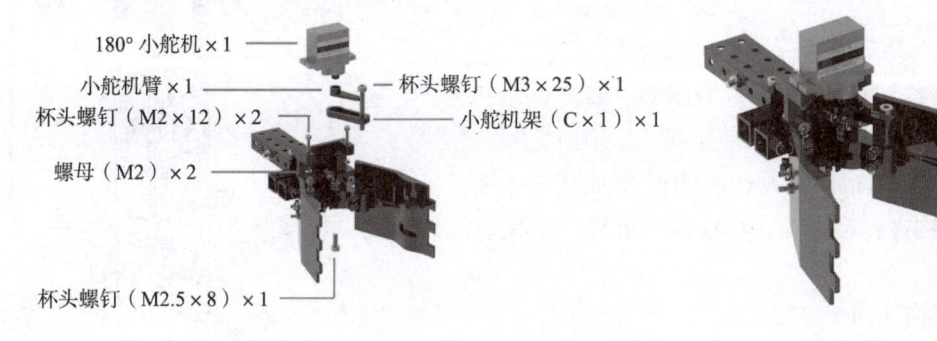

180°小舵机×1
小舵机臂×1
杯头螺钉（M2×12）×2
螺母（M2）×2
杯头螺钉（M3×25）×1
小舵机架（C×1）×1
杯头螺钉（M2.5×8）×1

图 5-25　机械臂拼装步骤 12

13）步骤 13

机械臂拼装步骤 13 如图 5-26 所示。

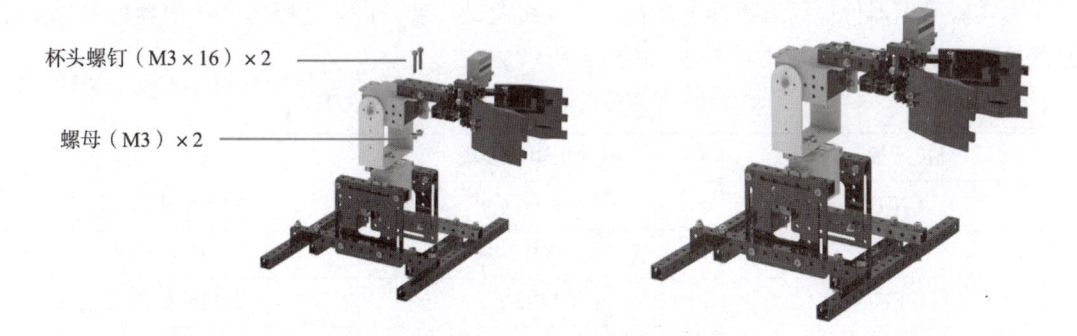

杯头螺钉（M3×16）×2
螺母（M3）×2

图 5-26　机械臂拼装步骤 13

实验三 塔吊实验

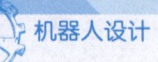

1. 实验目标

（1）锻炼动手拼装能力。

（2）掌握STM32F427的PWM输出功能，并用其控制普通减速电动机。

（3）掌握STM32F427的输入捕获功能，学会编码器的使用。

（4）学会使用PS2遥控器，简单了解其通信协议。

2. 开发环境

（1）硬件：STM32F427主控制器、减速电动机、PS2遥控器（包含手柄和接收器）。

（2）软件：Windows 7/10、MDK集成开发环境。

（3）结构件：铝方管、联轴器、滚轮、吊绳、吊钩、减速电动机。

塔吊结构如图5-27所示。

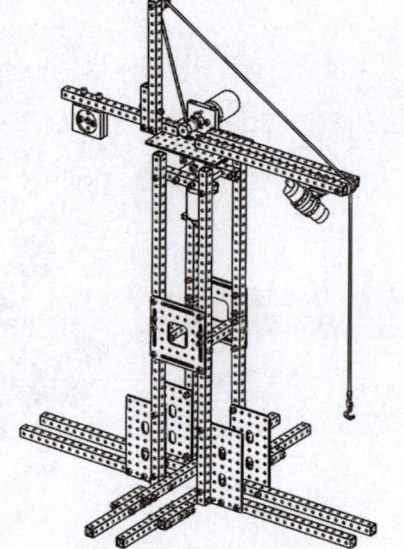

图5-27 塔吊结构

3. 实验内容

3.1 所用器件及接线说明

本实验所用器件包括编码器电动机、电动机驱动模块、PS2遥控器。所用器件具体工作原理见第2章，接线说明如表5-6～表5-8所示。

表5-6 扩展板、电动机驱动模块接线说明

扩展板	电动机驱动模块	备注
GND	GND	11PIN 杜邦线
12 V	VM	11PIN 杜邦线
PF1	AIN2	11PIN 杜邦线
PF3	AIN1	11PIN 杜邦线
PF5	STBY	11PIN 杜邦线
PF7	PulA	11PIN 杜邦线
PF9	PulB	11PIN 杜邦线
PC0	BIN1	11PIN 杜邦线
PC2	BIN2	11PIN 杜邦线

续表

扩展板	电动机驱动模块	备注
PA0	PWMA	11PIN 杜邦线
PA2	PWMB	11PIN 杜邦线
GND	GND（电动机驱动模块）	1PIN 杜邦线
5 V	VCC5（电动机驱动模块）	1PIN 杜邦线

表 5-7 电动机、电动机驱动模块接线说明

电动机	电动机驱动模块	备注
Pitch 轴电动机（控制上下运动电动机）	左上插座（含 AO1、AO2）	6PIN 电动机专用线
Yaw 轴电动机（控制旋转运动电动机）	左下插座（含 BO1、BO2）	6PIN 电动机专用线

表 5-8 扩展板、PS2 接收器接线说明

扩展板	PS2 接收器	备注
PE2	CLK	杜邦线
PE5	CS	杜邦线
PE4	CMD	杜邦线
PE3	DAT	杜邦线
5 V	VCC	杜邦线
GND	GND	杜邦线

3.2 工作原理

实物搭建完毕并启动核心开发板后，PS2 手柄左摇杆上下方向控制塔吊上重物的上下运动，右摇杆的左右方向控制塔吊的水平旋转运动，并且 4 个方向的运动均支持行程标定功能，即重物上升到最高点时，按下 PS2 手柄的"上"按键，听到一声滴响声后，标定完毕。行程标定完成后，程序会"阻止"重物在运行过程中越过最高点（重物在最低点、塔吊的左右运动范围均可标定）。

3.3 软件设计

编码器电动机、PS2 遥控器外设已在之前的实验中介绍，这里不再赘述。

塔吊控制逻辑在位置标定前后有所不同，未标定时塔吊没有软件限位，但受线束限制，塔吊无法做到完全自由的运动。标定后塔吊有软件限位，运动范围受标定位置限制。代码介绍如下。

1）标定行程函数

当塔吊运动到左极限时，按下 PS2 手柄的"左"按键即可标定左极限值，此时软件记录当前位置的编码器值，当塔吊运动到该位置时将无法再向左运动。同理，可以标定塔吊的上、下、右极限位置。示例代码如下。

```c
//标定行程函数
void yaw_pit_cali()
{
    //标定Yaw轴行程
    if(!yaw_right_cali_flag)
    {
        if(1 == PS2.PSB_KEY_PAD_RIGHT)                      //按下"右"按键
        {
            HAL_TIM_PWM_Start(&htim3,TIM_CHANNEL_2);        //开启PWM通道4
            BUZZER_OPEN;
            delay_ms(100);
            BUZZER_CLOSE;
            HAL_TIM_PWM_Stop(&htim3,TIM_CHANNEL_2);         //关闭PWM通道4
            scale.right_max = yaw_pul;                       //采集水平方向最右行程
            yaw_right_cali_flag = 1;                         //标定标志位并赋值
        }
    }
    if(!yaw_left_cali_flag)
    {
        if(1 == PS2.PSB_KEY_PAD_LEFT)                       //按下"左"按键
        {
            HAL_TIM_PWM_Start(&htim3,TIM_CHANNEL_2);        //开启PWM通道4
            BUZZER_OPEN;
            delay_ms(100);
            BUZZER_CLOSE;
            HAL_TIM_PWM_Stop(&htim3,TIM_CHANNEL_2);         //关闭PWM通道4
            scale.left_max = yaw_pul;                        //采集水平方向最左行程
            yaw_left_cali_flag = 1;                          //标定标志位并赋值
        }
    }
}
//塔吊控制函数
void tower_control()
{
    //Yaw轴控制(水平方向旋转运动)
    if(PS2.PSS_BG_RX > 20)
    {
        yaw_dir = right;
        if(!yaw_right_cali_flag)                             //未经过标定,不限制行程
```

```
            Motor_Speed_Set1(-200);
        else                                              //经过标定,限制行程
        {
            if(yaw_pul < scale.right_max)
                Motor_Speed_Set1(-200);
            else
                Motor_Speed_Set1(0);
        }
    }
    else if(PS2.PSS_BG_RX <-20)
    {
        yaw_dir = left;
        if(!yaw_left_cali_flag)                           //未经过标定,不限制行程
            Motor_Speed_Set1(200);
        else                                              //经过标定,限制行程
        {
            if(yaw_pul > scale.left_max)
                Motor_Speed_Set1(200);
            else
                Motor_Speed_Set1(0);
        }
    }
    else
        Motor_Speed_Set1(0);
//Pitch 轴控制(竖直方向升降运动)
if(PS2.PSS_BG_LY > 20)
{
    pit_dir = up;
    if(!pit_up_cali_flag)                                 //未经过标定,不限制行程
        Motor_Speed_Set4(300);
    else                                                  //经过标定,限制行程
    {
        if(pit_pul < scale.up_max)
            Motor_Speed_Set4(300);
        else
            Motor_Speed_Set4(0);
    }
}
else if(PS2.PSS_BG_LY <-20)
```

```c
        {
            pit_dir = down;
            if(!pit_down_cali_flag)                    //未经过标定,不限制行程
                Motor_Speed_Set4(-300);
            else                                        //经过标定,限制行程
            {
                if(pit_pul > scale.down_max)
                    Motor_Speed_Set4(-300);
                else
                    Motor_Speed_Set4(0);
            }
        }
        else
            Motor_Speed_Set4(0);
        yaw_pit_cali();                                 //标定行程函数
}
```

2) 主函数

主函数首先对外设和时钟进行初始化，然后在主循环中每 500 ms 变换一次绿灯状态，同时判断遥控器是否在红灯模式，若不是则设置遥控器为红灯模式，最后执行塔吊控制函数。示例代码如下。

```c
#include "main.h"

void InitConfig(void)
{
        HAL_Init();                                    //初始化 HAL 库
        Stm32_Clock_Init(336,12,2,8);                  //设置时钟,168MHz
        delay_init(168);                               //初始化延时函数
        LED_Init();                                    //初始化 LED
        Encoder_Init();                                //电机编码器初始化
        TIM2_Init();                                   //PWM 定时器初始化
        PS2_Init();                                    //遥控器初始化
    PS2_SetInit();                                     //手柄模式配置,mode 功能已锁存
        Buzzer_Init(250,84);                           //初始化蜂鸣器
        TIM9_Init();                                   //定时器中断初始化
}
int main(void)
{
        int i = 0;
```

```
            InitConfig();
    while(1)
    {
        delay_ms(2);
        if(i < 250)
            i++;
        else
        {
            i = 0;
            LED_GREEN_TOGGLE;
            if(PS2_RedLight())              //保证遥控器始终为红灯模式
                PS2_SetInit();
        }
        tower_control();
    }
}
```

3.4 代码流程

塔吊实验代码流程如图 5-28 所示。

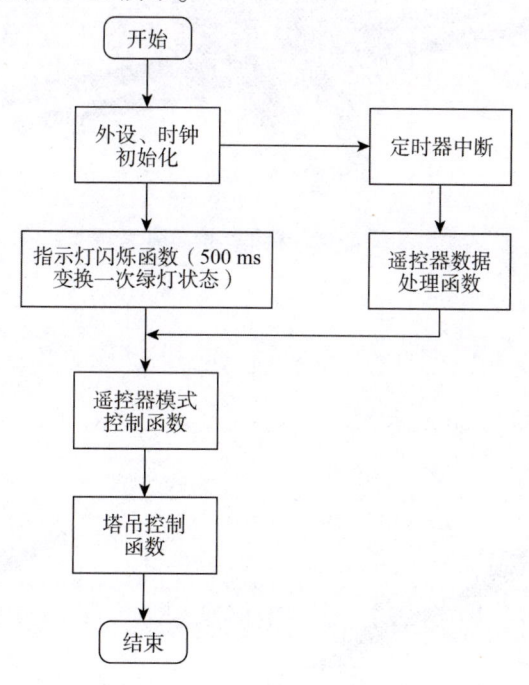

图 5-28 塔吊实验代码流程

4. 结构总图

塔吊结构总图如图 5-29 所示。

图 5-29 塔吊结构总图

5. 拼装过程

1) 步骤 1

塔吊拼装步骤 1 如图 5-30 所示。

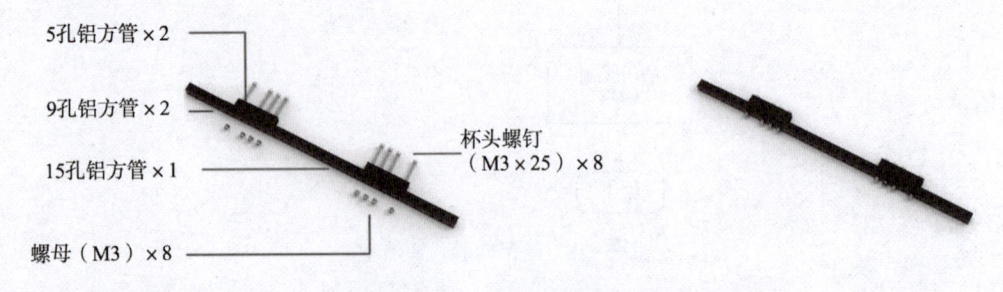

5孔铝方管 ×2
9孔铝方管 ×2
15孔铝方管 ×1
杯头螺钉（M3×25）×8
螺母（M3）×8

图 5-30 塔吊拼装步骤 1

2）步骤 2

塔吊拼装步骤 2 如图 5-31 所示。

15孔铝方管×2
杯头螺钉（M3×16）×4
5×9孔碳板×1
螺母（M3）×4

图 5-31　塔吊拼装步骤 2

3）步骤 3

塔吊拼装步骤 3 如图 5-32 所示。

5孔铝方管×1
螺母（M3）×4
杯头螺钉（M3×25）×4

图 5-32　塔吊拼装步骤 3

4）步骤 4

塔吊拼装步骤 4 如图 5-33 所示。

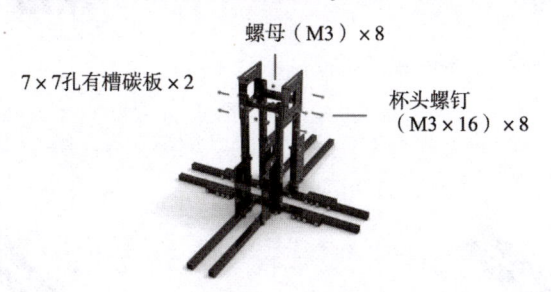

螺母（M3）×8
7×7孔有槽碳板×2
杯头螺钉（M3×16）×8

图 5-33　塔吊拼装步骤 4

5）步骤 5

塔吊拼装步骤 5 如图 5-34 所示。

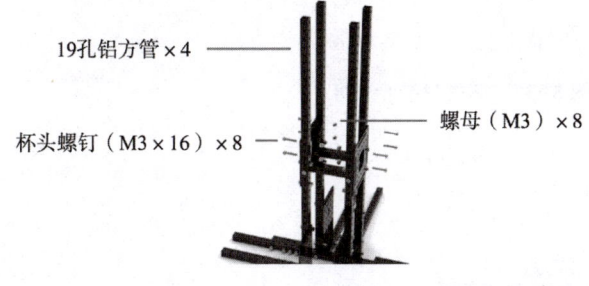

19孔铝方管×4
杯头螺钉（M3×16）×8
螺母（M3）×8

图 5-34　塔吊拼装步骤 5

6）步骤6

塔吊拼装步骤6如图5-35所示。

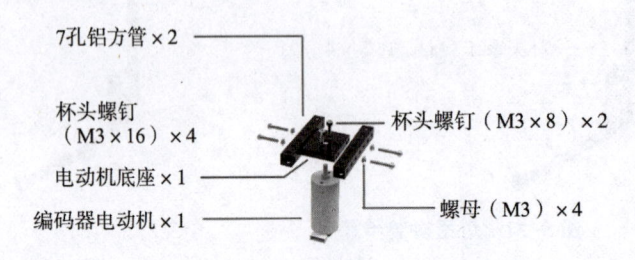

7孔铝方管×2
杯头螺钉（M3×16）×4
电动机底座×1
编码器电动机×1
杯头螺钉（M3×8）×2
螺母（M3）×4

图5-35　塔吊拼装步骤6

7）步骤7

塔吊拼装步骤7如图5-36所示。

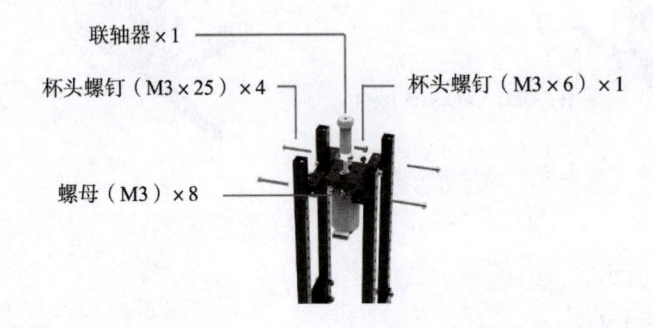

联轴器×1
杯头螺钉（M3×25）×4
杯头螺钉（M3×6）×1
螺母（M3）×8

图5-36　塔吊拼装步骤7

8）步骤8

塔吊拼装步骤8如图5-37所示。

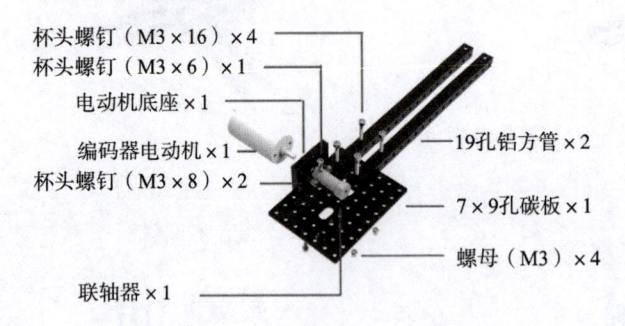

杯头螺钉（M3×16）×4
杯头螺钉（M3×6）×1
电动机底座×1
编码器电动机×1
杯头螺钉（M3×8）×2
联轴器×1
19孔铝方管×2
7×9孔碳板×1
螺母（M3）×4

图5-37　塔吊拼装步骤8

9）步骤9

塔吊拼装步骤9如图5-38所示。

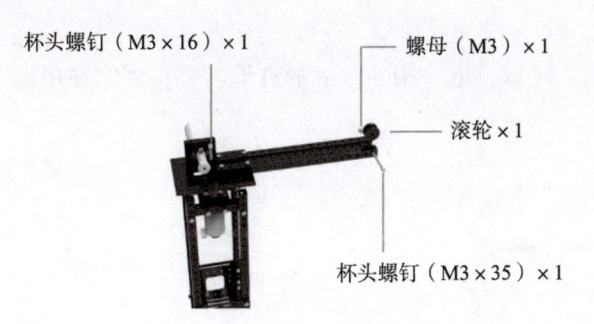

图 5-38　塔吊拼装步骤 9

10）步骤 10

塔吊拼装步骤 10 如图 5-39 所示。

图 5-39　塔吊拼装步骤 10

11）步骤 11

塔吊拼装步骤 11 如图 5-40 所示。

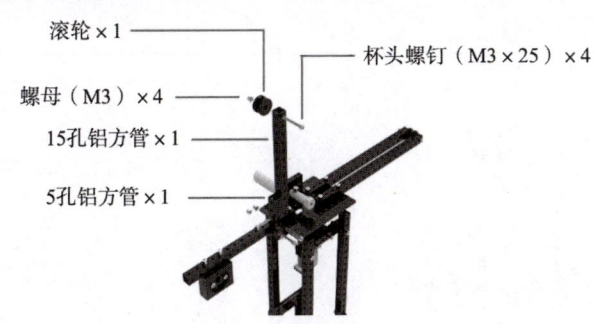

图 5-40　塔吊拼装步骤 11

12）步骤 12

塔吊拼装步骤 12 如图 5-41 所示。

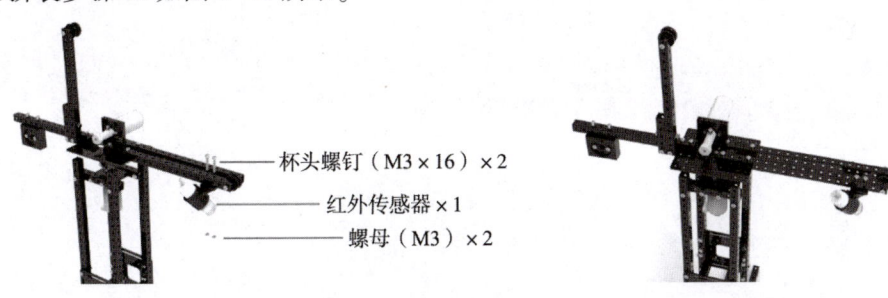

图 5-41　塔吊拼装步骤 12

13）步骤 13

塔吊拼装步骤 13 如图 5-42 所示。注意：取一根 50 cm 的红绳，一头固定在吊钩上，另一头固定在联轴器上。

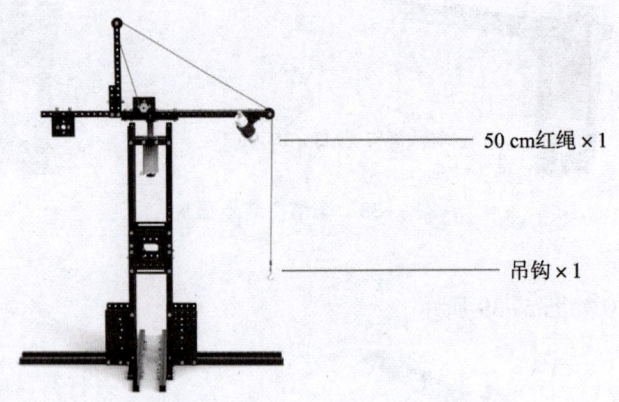

50 cm 红绳 ×1

吊钩 ×1

图 5-42　塔吊拼装步骤 13

课后习题

根据本书所学内容，结合第 4 章和第 5 章的案例，利用机器人设计套件中的器件，自行设计一个机器人，使其能够自动完成某一运动或功能。介绍要完成的功能，说明要用到哪些器件，采用何种结构，利用什么原理。

延伸阅读

打通最后一公里——低速无人配送车

物流配送需求正在极速爆发,预计在不久的将来,中国每天将产生 10 亿个配送订单。而末端物流是整个物流体系中成本最高、效率最低的环节,低速无人配送车可以为如今和未来的物流行业提供解决方案。

如图 5-43 所示,"小蛮驴"是阿里第一款可大规模量产的物流机器人,由阿里达摩院自动驾驶实验室设计研发。作为阿里旗下首款物流机器人,"小蛮驴"具有类人认知智能,能轻松处理复杂路况,并能选择最优路径,遇到紧急情况,大脑应急反应速度是人类的 7 倍。同时,"小蛮驴"具备了规模化商用量产的必要条件,除了低成本,还有高可靠——相当耐苦耐劳,每天最多能送 500 个快递,雷暴闪电、高温雨雪,以及车库、隧道等极端环境均不影响其性能。

"小蛮驴"可以被分为三大部分。一是底盘,包括车身和线控集成,是"小蛮驴"的核心躯干。底盘和车身的供应,与汽车一致,出自整车厂。二是传感器,即"小蛮驴"的"眼睛",让它有出色的感知能力。一前一后各 1 个激光雷达,加上 6 个摄像头组成的环视方案,以及毫米波雷达、惯性导航系统等传感器,跟当前最先进的无人驾驶汽车采用类似方案。三是计算单元,即"小蛮驴"的"大脑",也是"小蛮驴"最显技术实力的地方。阿里达摩院团队搭建了一个异构方案,利用嵌入式GPU(图形处理单元)和FPGA(现场可编程门阵列)的相互配合,既能实现末端物流复杂场景下的高性能计算,还可以把成本和功耗降下来。GPU可以发挥在计算性能方面的优势,FPGA则可以降低成本和补足GPU在数据传输方面的局限。最终,这套嵌入式计算硬件加上阿里达摩院量身打造的算法、压缩模型,让"小蛮驴"不仅有 L4 级自动驾驶能力,还能够低功耗长续航,为量产和规模化商用奠定了基础。阿里官方回答,核心还是最前沿的人工智能和自动驾驶的基础技术,并且在智能、安全、可量产三方面具备行业领先的竞争力。

图 5-43 "小蛮驴"工作图

"小蛮驴"采用抽拉式充电电池,每次充电 4 kW·h,续航里程可达 102 km,平均速度设定为 15 km/h,最高速度为 20 km/h。"小蛮驴"识别数量上百的行人、车辆的意图只需

0.01 s；遇到危险需要急停时，只需 0.1 s 大脑就能完成决策、规划并下发控制指令。同时，它拥有五重安全设计，多层次冗余。在系统架构方面，有大脑决策、冗余小脑、异常检测刹车、接触保护刹车、远程防护等。另外，远程驾驶系统——云代驾，负责在特定情况，比如遇到在机器人认知能力边界之外的状况，可以由人力远程介入接管，并且因为 5G 的不断普及，这种远程接管的时延和安全性也得到了进一步保障。

参 考 文 献

[1] 郭彤颖,安冬. 机器人系统设计及应用[M]. 北京:化学工业出版社,2016.
[2] 姜金刚,王开瑞,赵燕江,等. 机器人机构设计及实例解析[M]. 北京:化学工业出版社,2022.
[3] 中国电子学会. 机器人简史[M]. 北京:电子工业出版社,2015.
[4] 赵建伟. 机器人系统设计及其应用技术[M]. 北京:清华大学出版社,2017.
[5] 吕常魁,黄娟. 工程创意项目训练[M]. 北京:电子工业出版社,2023.
[6] 明子成,李茗研. 机器人设计与制作入门[M]. 北京:化学工业出版社,2020.